LE

CHEMIN DE FER DU NORD

EN ESPAGNE

PAR

ÉMILE BARRAULT

PARIS

HENRI PLON, ÉDITEUR

8, RUE GARANCIÈRE

1858

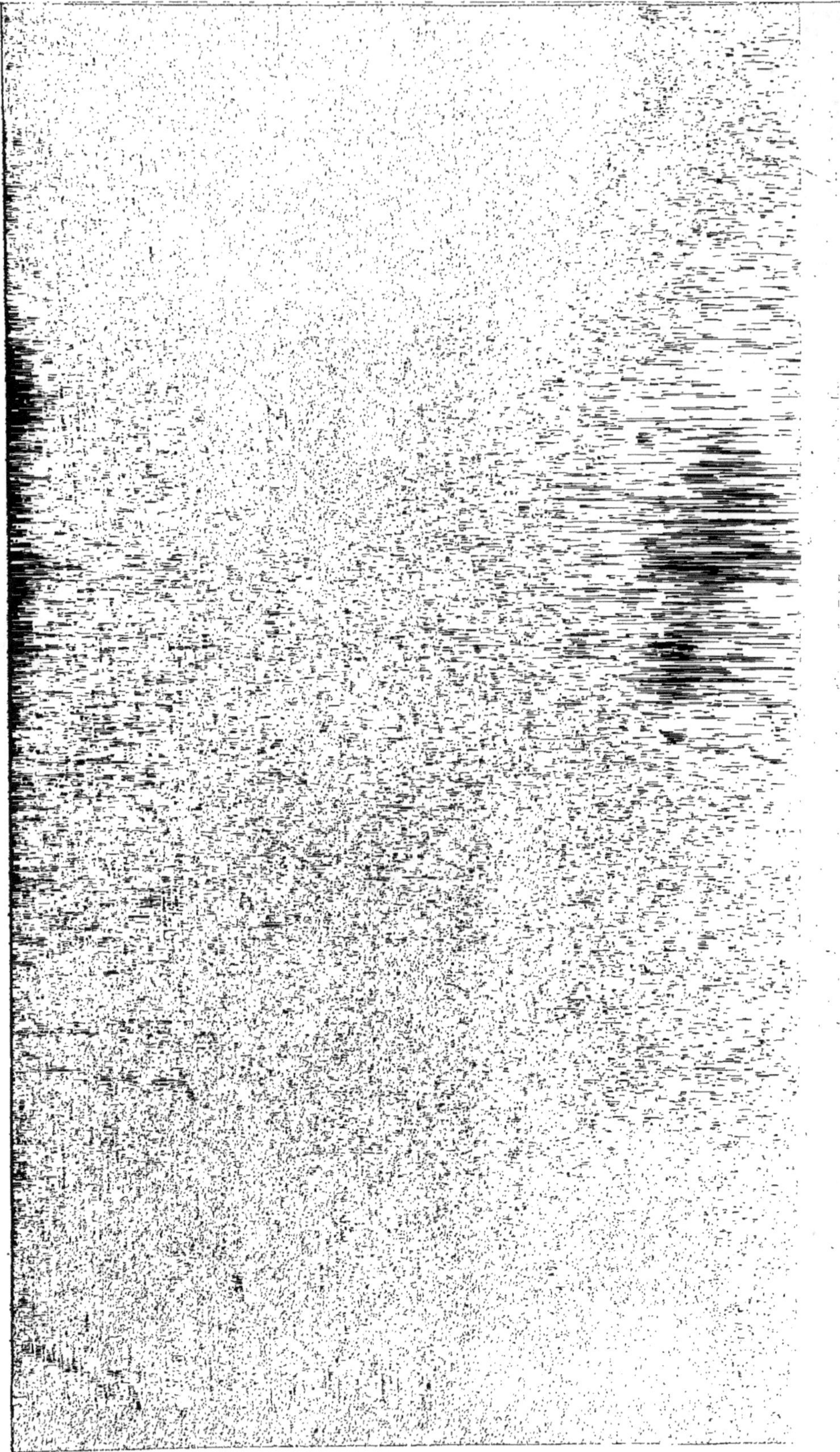

LE
CHEMIN DE FER DU NORD
EN ESPAGNE.

PARIS, TYPOGRAPHIE DE HENRI PLON,
IMPRIMEUR DE L'EMPEREUR,
8, RUE GARANCIÈRE.

LE
CHEMIN DE FER DU NORD
EN ESPAGNE

PAR

ÉMILE BARRAULT.

PARIS

HENRI PLON, ÉDITEUR

8, RUE GARANCIÈRE

1858

EXPOSÉ.

I.

Une ère industrielle recommence pour l'Espagne ; le crédit s'y organise, la vapeur s'y propage. Ce qui se passe chez une nation voisine, amie de la nôtre à tant de titres, intéresse la curiosité publique ; c'est pourquoi nous allons décrire les chemins de fer qui y sont exploités, en construction ou en projet, et nous indiquerons l'état agricole, industriel et commercial des provinces qu'ils traversent ou doivent traverser. Grâce au réseau, toutes les

Espagnes n'en feront qu'une ; grâce au chemin du Nord qui reliera Madrid aux frontières françaises, il n'y aura plus de Pyrénées. Un tel ensemble de communications est un gage de prospérité.

Cependant, quelles que soient les ressources de l'Espagne, il semble à des esprits prévenus qu'elle soit faite pour végéter entre des trésors improductifs et des ruines irréparables. Faute de savoir ce qu'elle est actuellement, on répète contre elle des jugements de vieille date. Ce n'est pas du moins sous le rapport social qu'elle est en arrière. A l'heure où la monarchie se constituait par le mariage de Ferdinand d'Aragon et d'Isabelle de Castille, il restait peu de vestiges du servage ; la bourgeoisie avait ses franchises, les provinces avaient leurs priviléges, et si la couronne les supprima, ce nivellement royal profita à la démocratie. En outre, le travail se pratiquait avec succès ; le commerce et l'industrie se fondaient dans des proportions imposantes ; sa tradition sous ce rapport ne serait désavouée d'aucun peuple ; mais tout fut ruiné par les événements du seizième siècle, dont la gloire se termina par des désastres. C'est le tableau de ces calamités qui a motivé tant d'arrêts rigoureux, et, quoique les calamités s'effacent, les arrêts subsistent, l'opinion n'est pas entièrement désabusée.

Qu'il nous soit donc permis de justifier la confiance des capitaux qui chaque jour vont s'engager dans les entreprises particulières et publiques de l'Espagne; quoi qu'on ait pu dire, elle s'est relevée; sa décadence est un incident de son histoire ancienne et non de son histoire présente : ce fut le terme d'une période et le commencement d'une autre

II.

L'Europe, au seizième siècle, se détachait du moyen âge pour passer du régime de l'autorité au régime de la liberté. Ses populations, longtemps nourries sous la tutelle de l'Église et de l'empire, étaient des nations adultes, impatientes de s'émanciper, entraînées vers de nouveaux horizons par la renaissance, la découverte des Indes occidentales et orientales, et la réforme. L'Espagne leur jeta le défi. Sept siècles de croisades contre les Maures exaltaient sa foi ; son jeune roi, petit-fils d'Isabelle et l'aîné de la maison d'Autriche, était empereur ; conquérante du nouveau monde, elle prétendit maintenir l'unité politique et religieuse de l'ancien, elle eut son Charlemagne et sa période carlovingienne.

Au milieu des mouvements anarchiques de l'Europe, Charles-Quint vit le salut public dans la prépotence impériale. L'Église, en se faisant État, avait compromis sa dignité suprême, et provoqué le schisme de Luther par les corruptions passagères d'une royauté mondaine ; il crut que le règne de César était arrivé. La réunion des trois nations latines lui aurait donné le noyau de l'empire d'Occident et une base compacte d'opérations ; il résolut d'adjoindre la France à l'Italie et à l'Espagne ; jaloux d'enlever tout motif d'insubordination à l'Allemagne et de purifier le pontificat, en contraignant la réforme à rentrer dans le giron de Rome, il contraignait Rome à s'imposer une réformation ; en même temps, il défendait la chrétienté sur terre contre les Turcs, sur mer contre Tunis et Alger ; le sceau devait être apposé à la pacification générale par un concile délibérant sous son inspiration. Vastes desseins, vains efforts. L'indépendance des nations fut préservée par la France, la liberté de conscience par la ligue protestante, Rome fut leur complice : il abdiqua. Les changements du monde trahissaient sa fortune, et il renonça à l'intégrité de l'empire en partageant ses États, à l'intégrité du sacerdoce en signant la paix d'Augsbourg entre les deux religions. Après tant de labeurs pour le triomphe de l'unité, il inaugura le principe de l'équilibre. Charlemagne avait ouvert le moyen âge, Charles-Quint le ferma.

Un si grand exemple ne fut pas compris de ses successeurs ; Philippe II reprit, tête baissée, le plan de la monarchie universelle.

Charles-Quint avait été le chef de la chrétienté, l'arbitre de ses querelles, pape autant qu'empereur ; Philippe fut le chef du parti catholique, l'exterminateur de l'hérésie, moine autant que roi, s'isolant quarante ans dans une idée fixe, ordonnant et subissant le sacrifice avec impassibilité. Son champ de bataille fut encore la France, dont l'asservissement aurait prêté un corps au saint empire à deux têtes machiné par Madrid et par Vienne, avec l'assistance de l'inquisition et du jésuitisme. Cependant ce prince ne réussit qu'à mettre

1.

les novateurs en garde contre leur propre intempé-
rance, qu'à incliner les conservateurs vers l'humanité.
La réforme, instruite par Calvin à se discipliner, se
régularisa en Angleterre et en Hollande ; la Hollande
brisa le joug espagnol ; l'Angleterre vit périr sur ses
côtes l'invincible Armada ; et, comme le péril n'é-
tait plus dans la liberté, le catholicisme conçut une
modération dont la France fut la voix et le bras ;
elle échappa à l'Escurial, elle rompit l'étreinte de la
maison d'Autriche. Quatre-vingts ans après le concile
de Trente qui avait séparé en deux camps les protestants et les catholiques, le congrès de Westphalie,
sorte de concile temporel, consacra l'équilibre. Ce
que Charles-Quint avait commencé, ce fut la politique de Henri IV qui l'acheva. Le pacte d'Augsbourg fut transformé en pacte européen, le droit
international admit l'égalité des cultes, l'indépendance
des peuples, la pondération des États ; le monde,
affranchi de son unité primitive, eut une charte de
libertés.

Cette évolution ouvre les temps modernes. L'action part de l'Allemagne du Nord par la réforme ; la
réaction se prononce par l'association catholique de

l'Espagne et de l'Allemagne méridionale ; la France opère la transaction , et l'esprit de la civilisation chrétienne plane au-dessus du catholicisme et de la réforme.

Ce fut un rôle ingrat que ce rôle d'antagoniste des tendances générales ; l'Espagne eut d'autres mérites devant la chrétienté. L'islamisme, maître de Constantinople, s'emparait du littoral de l'Afrique et infestait la Méditerranée de ses flottes ; elle persévéra dans l'offensive que, depuis la conquête de Grenade, le cardinal de Ximénès et Charles-Quint avaient prise, et les combats d'Oran, de Tunis et de Tripoli, la défense de Malte et la journée de Lépante, obligèrent la Turquie à reculer. C'est elle encore qui, la première, donna l'exemple de ces vastes colonisations du nouveau monde, d'où sont sortis de nombreux États policés. Durant ce déploiement extraordinaire de force, son influence poétique et littéraire se répandit sur l'Europe ; elle joignit le prestige du génie à celui du courage et de la puissance, et compensa l'impopularité par l'admiration. Pour rencontrer une nation offrant un pareil spectacle de grandeur, il faut remonter à l'empire des Francs ou descendre à la France depuis

1789. A trois siècles de distance, l'Espagne et la France ont ambitionné la domination universelle, l'une pour son dogme, l'autre pour sa révolution; et ce qu'il y a de commun sous les drapeaux du mouvement le plus fougueux et de la résistance la plus opiniâtre qui se soient jamais vus, c'est la passion du prosélytisme : trait caractéristique des nations latines.

Tant de prodiges d'énergie amenèrent la prostration de l'Espagne. Sa prospérité périt, le souvenir en peut être invoqué comme le garant de la réussite des tentatives actuelles.

De la fin du quinzième siècle aux premières années du règne de Philippe II, le privilége d'un débouché lucratif dans les établissements du nouveau monde avait encouragé les progrès des manufactures. Le pays tirait beaucoup de l'étranger, de la Flandre notamment; il y envoyait ses laines, il en faisait venir des draperies, des toiles, des tapisseries, des dentelles, etc. Toutefois il y avait des fabriques de draps en Vieille-Castille, à Avila, à Medina del Campo, à Valladolid, à Burgos, à Ségovie, qui seule occupait 34,000 ouvriers; à Cuenca, à Tolède, à Ciudad-Real en Nouvelle-Castille; à Barcelone en Catalogne; à

Grenade, à Cordoue, à Séville en Andalousie. Tolède faisait aussi des soieries, et comptait près de 40,000 ouvriers ; ainsi de Séville, dont les étoffes dé soie et de laine en employaient 130,000. Valence avait pareillement ses métiers ; Grenade était renommée pour la préparation des soies, Cordoue pour la préparation des cuirs, qu'elle joignait à la fabrication des tissus. Les produits de quelques-unes de ces manufactures étaient comparables à ce qu'il y avait de plus fini. Les soieries réunissaient la solidité et la délicatesse ; les draps de Ségovie passaient pour les plus beaux de l'Europe. On fabriquait aussi du savon, des verres, des cristaux. L'art typographique n'avait pas été négligé : les imprimeries de Medina del Campo, d'Alcala de Hénarès et de Valence étaient renommées. Quant à l'agriculture, elle était florissante dans le Valence et dans l'Andalousie ; les Alpuxarres étaient fertilisées jusqu'à leurs crêtes ; les récoltes des deux Castilles fournissaient un excédant à l'exportation. Et le commerce était actif. Outre ses grains et ses laines, l'Espagne exportait du safran, du vin, des bois de construction, du sel, du plomb, du fer, de l'acier, et une partie de ses tissus. Sa marine marchande naviguait des côtes de l'Asie Mineure à celles de la France, de l'Angleterre, des Flandres, jusqu'aux bancs de Terre-Neuve, où elle pêchait la baleine; aucun pavillon n'aurait disputé l'empire des mers au sien. Séville, en possession du trafic avec l'Amérique, était le plus considérable de tous les marchés; elle recevait du Mexique, du Pérou et de Cuba du cacao, du sucre, du tabac, de la cochenille, de l'indigo, du bois de campêche, du quinquina, des cuirs, des métaux précieux, etc., et elle leur expédiait les marchandises de l'Espagne et de l'Europe. Enfin il se tenait des foires célèbres à Rioseco, à Medina del Campo, à Valladolid, à Burgos.

Mais il en coûtait pour asservir le monde. Héritier d'une situation financière embarrassée, Philippe II l'empira; il anticipa sur les arrivages d'argent du nouveau monde par des emprunts onéreux, et, malgré la valeur croissante de ces arrivages, malgré la confiscation et la banqueroute, il transmit à ses descendants un royaume pressuré jusqu'à l'extorsion, une dette d'un milliard, la même politique à soutenir par les mêmes moyens.

Le mal était sans remède. La Catalogne et le pays basque mis à part, la nation n'avait pas complété son

initiation au travail, elle se divisait en deux catégories :
l'une laborieuse, l'autre dédaigneuse de tout négoce,
de toute profession mécanique, de tout métier. Le travail était une dérogeance aux yeux d'une bourgeoisie
qui ne supportait ni fabricant ni commerçant dans les
corps municipaux et les cortès, dont les visées se tour-
naient à la chevalerie ; l'Espagne entière avait une fré-
nésie d'ambition, et la couronne, afin d'amoindrir les
hautes existences féodales, suscitait une noblesse secondaire en autorisant la création des majorats. L'Église
d'ailleurs continuait à grossir son patrimoine de dona-
tions territoriales, sans que le gouvernement y fît une
opposition qui aurait senti l'hérésie ; les couvents se
multipliaient comme autant d'échelons honorifiques
vers le ciel. Au moment où partout la sécularisation de
tant de domaines ecclésiastiques et le morcellement de
tant de fiefs seigneuriaux augmentaient la richesse
rurale, ici beaucoup de terres allaient perdre de leur
fertilité sous le régime de la mainmorte ou de la sub-
stitution, et les occupations laïques cédaient un contingent notable à l'oisiveté nobiliaire, à la milice claus-
trale, et plus la misère sévissait, plus les immunités
des lieux saints faisaient de vocations.

Seule, une race tout entière travaillait : c'étaient les Maures. Par malheur, ils étaient inquiétants ; forcés de recevoir le baptême, chrétiens suspects et tracassés, ils s'exilaient volontairement, se révoltaient, conspiraient avec le Maroc, Alger et Constantinople, avec Londres même. A l'exemple de Ferdinand V, qui, après la prise de Grenade, avait expulsé 800,000 juifs, Philippe III les proscrivit en masse, à la satisfaction de ses sujets, irréconciliables avec l'islamisme qu'ils combattaient à l'extérieur, qu'ils persécutaient à l'intérieur, et qui en étaient venus à les redouter. De 1492 à 1609, trois à quatre millions d'habitants, emportant une partie de leurs biens, leurs aptitudes commerciales, industrielles et agricoles, disparurent, et laissèrent un vide dans la population éclaircie par des guerres incessantes, par les garnisons étrangères, par l'émigration transatlantique. Privées de bras, atteintes radicalement par le fisc, l'agriculture et l'industrie succombèrent ; aucun gouvernement n'a mieux justifié, par la nature de ses impôts, l'image classique du despotisme coupant l'arbre au pied pour en dévorer les fruits. C'est ainsi que la nation et la royauté immolèrent toutes leurs ressources avec une imprévoyance qui s'explique par le farouche enthousiasme de leur idéal arriéré, par leur fascination des trésors de l'Amérique.

L'Espagne avait cru se suffire ; elle s'était réservé le monopole de son métal, dont la sortie était défendue et prohibait sévèrement les produits étrangers ; mais sa production tarit, mais le métal fut convaincu de stérilité, il l'affama en occasionnant une hausse de toutes les denrées, proportionnelle à leur rareté et à son abondance. Dans cet état d'inanition, après avoir proscrit les travailleurs mauresques, elle se mit à la discrétion des travailleurs européens.

Il vint des Allemands, parmi lesquels des agents de la célèbre maison Fugger d'Augsbourg, l'un de ses créanciers, qui exploita les mines de mercure d'Almaden ; des Flamands, une foule d'Italiens, entre autres des Génois, prêteurs habituels de la couronne, et une nuée de Français, Provençaux, Languedociens, Gascons, Auvergnats, etc. Ce furent eux qui exercèrent les métiers, ranimèrent les manufactures, et procurèrent les marchandises pour l'Amérique ; bien entendu qu'ils trafiquaient sous le nom des négociants nationaux dont ils faisaient leurs associés ou leurs facteurs, au vu et au su du gouvernement et contrairement à ses décrets, sans négliger la contrebande sur une grande échelle. La contrebande ne se pratiquait pas moins activement sur les côtes des colonies, avec la connivence des populations et des autorités. Jamais pays ne s'était si bien fermé, n'avait si bien exclu, et il ouvrait les portes avec une clandestinité notoire à tous les chercheurs de fortune qu'il se plaisait souvent à conspuer ou à maltraiter, sans lesquels néanmoins il n'aurait pu subsister. Au commencement du dix-septième siècle, il s'y trouvait environ 160,000 étrangers; vers la fin, la présence de 67,000 Français y fut officiellement constatée. Dans l'intérêt de ses sujets, Louis XIV mettait l'arrivée des galions sous la surveillance de ses escadres. Ce trafic de la France diminua par suite de l'installation des Anglais à la Jamaïque, des Hollandais à Curaçao; ils exploitèrent les établissements voisins et vendirent à l'Espagne le cacao de ses colonies. Le roi disait toujours que le soleil ne se couchait pas dans ses États; mais il y luisait pour tout le monde, et les étrangers avaient accaparé les cinq sixièmes du commerce intérieur, les neuf dixièmes du commerce extérieur.

Quelques écrivains gémirent de ce que l'Espagne,

comme Israël, était obligée de recourir aux Philistins
pour réparer le soc de ses charrues; d'intrépides apo-
logistes la glorifièrent de ce qu'elle faisait des autres
peuples ses artisans et ses pourvoyeurs, et leur distri-
buait leur salaire. Ce fut cette détresse de l'industrie,
jointe aux emprunts de l'État, qui mit en circulation
l'or et l'argent des Indes occidentales; son pavillon en
couvrait la source, l'écoulement avait lieu en Europe.

Bref, tout lui manqua, et le prince en qui la lignée
des Carlovingiens était tombée de règne en règne au
dernier degré de la débilité, Charles II, s'éteignait sans
héritier. On traita au congrès de Ryswyck du dé-
membrement de la monarchie. Pourtant, sans reparler
des colonisations du nouveau monde, la dynastie
autrichienne a laissé après elle autre chose que des
décombres. Voulant l'unité au dehors, cette dynastie
la fit au dedans par la destruction des *communeros* de
Castille, des *fueros* d'Aragon, des priviléges de la
Catalogne et de la Navarre, des prérogatives aristo-
cratiques; l'État fut debout. La nation fut exténuée;
mais sa mission avait été conforme à ses antécédents
et à ses nécessités présentes; pour s'arracher à ce
qui finissait, il lui fallait à ses risques et périls s'é-

prouver contre les nouveautés. En essayant de faire l'Europe espagnole, elle apprit elle-même à l'être, au lieu de rester castillane ou aragonaise; de plus, elle apprit à devenir européenne, et on la vit, en face des représailles de Louis XIV, s'allier aux protestants, à la Suède, à l'Angleterre, à la Hollande même, se couvrir de l'équilibre institué contre elle. Du début à la fin du combat, la concordance s'établit entre son cadran et le nôtre. Au reste, ayant péché par excès du point d'honneur politique et religieux, sa décadence fut celle d'une nation chrétienne; l'humiliation de son orgueil et de son fanatisme fut décorée de l'auréole d'un héroïsme qui ne s'était arrêté qu'à bout de souffle; la fibre était saine sous la plaie. La dynastie devait mourir, la nation devait renaître.

Cette maison d'Autriche, vouée à une résistance aveugle et forcenée, eut à se régénérer à Vienne par une Marie-Thérèse et par l'accession des princes lorrains; à Madrid, elle légua le trône aux Bourbons. De même qu'au seizième siècle la France s'était laissé entraîner dans l'orbite de l'Espagne, pendant le dix-huitième siècle l'Espagne céda à l'attraction de la France; elle se montra mûrie par l'épuisement des illusions gigantesques de sa jeunesse, son histoire recommença avec son âge viril. Mais on s'est moins occupé d'observer cette seconde période que d'aggraver perpétuellement la condamnation de la première; et c'est aussi au nom des progrès matériels que se fait le procès.

Tandis que les forces productives de l'Espagne se paralysaient, les autres peuples développaient les leurs, surtout les peuples germaniques convertis à la réforme. Ce fut pour les Anglo-Saxons et les Hollandais que Christophe Colomb et Vasco de Gama avaient trouvé le nouveau monde et la route nouvelle de l'ancien; le globe se couvrit de leurs croisades mercantiles; si le despotisme théocratique réduisait ses champions au dénûment, la liberté politique et religieuse enrichissait les siens. La fortune a passé de leur côté; la face utilitaire de la civilisation est marquée à leur effigie. Or, la faveur acquise au protestantisme victorieux et prospère, les attaques dirigées contre le catholicisme par les adversaires de la servitude et de l'intolérance se sont coordonnées dans une doctrine sur les races latines et germaniques, sur les fonctions qui leur sont départies; et, en vertu

de cette classification systématique, les nations latines sont dédaigneusement traitées, comme si leur
importance avait correspondu à un état social arriéré, et que leur étoile eût à jamais pâli. Sans se
souvenir de leurs efforts antérieurs, on les déclare
subalternes dans l'ordre industriel; en politique, on
décide qu'elles ont fait leur temps avec leurs théories
unitaires; on ne leur attribue désormais d'autre illustration que celle des sciences, des arts et des lettres;
et si l'on épargne la France à demi, on triomphe de
la situation des deux péninsules. L'Italie est déchue sans
retour, dit-on; et quoique exempte du joug étranger,
l'Espagne est immobilisée dans un rang secondaire.
Sa réponse est sans réplique; on lui nie le mouvement, elle marchait hier, elle marche aujourd'hui.

Durant la première période, l'Espagne, bon gré,
mal gré, dépouille l'homme du moyen âge; dans la
seconde, elle revêt l'homme des temps modernes.
Pour peu qu'on y regarde, le prélude industriel et
commercial du seizième siècle, interrompu par des
aventures épiques, avait repris dès le siècle dernier,
en même temps que se modifiaient les procédés du
gouvernement et les idées.

III.

Personne n'ignore que, sous Philippe V, Ferdinand VI et Charles III, l'Espagne retrouva des arsenaux, des chantiers, une armée, une flotte; ce qui est moins connu, c'est que le zèle éclairé de ces princes servit de règle à une suite de ministres capables, parmi lesquels il est juste de citer le cardinal Alberoni, quoiqu'il fût plus propre à remuer bruyamment le monde qu'à restaurer patiemment un royaume; et, postérieurement à lui, le marquis de la Enseñada, le comte d'Aranda, Florida-Blanca. L'État limita la juridiction de l'Église et prépara l'abolition du tribunal de l'inquisition. Le pouvoir central, constitué par la maison d'Autriche, fut appliqué à l'intérêt public. Les charges furent uniformément réparties entre la Castille et l'Aragon. Les douanes intérieures furent reportées aux frontières de terre et de mer. Quelques routes furent établies, des ponts construits, des canaux creusés; un essai de peuplement par des colons étrangers fut tenté dans la sierra

Morena. Le commerce d'Amérique, interdit aux sujets de la couronne d'Aragon et monopolisé à Cadix après l'avoir été à Séville, fut permis à des ports désignés dans toutes les provinces indistinctement. C'est peu : les taxes préjudiciables à la production furent supprimées, la noblesse déclarée compatible avec l'industrie, des manufactures fondées, des fabricants appelés de tous les points de l'Europe.

Colbert fut un modèle, Turgot fut un maître. L'économie politique française devint une arme, entre les mains de Campomanès et de Jovellanos, contre les abus ecclésiastiques et nobiliaires qui stérilisaient le sol. Des greniers de prévoyance furent institués. La culture fit des progrès. Ce fut le superflu des blés de la Vieille-Castille qui, en 1782 et 1783, nourrit les provinces du midi de la France, menacées de la disette. L'Andalousie et l'Aragon fournirent pour les cordages, les câbles et les toiles à voiles, le chanvre qu'on achetait de la Russie. Toutes les âmes généreuses s'étaient émues; il se forma soixante et une sociétés *économiques* et *patriotiques,* ayant pour objet d'exciter au travail et de répandre l'instruction élémentaire. Enfin, sous le ministère de Florida-Blanca, un Français, banquier de génie, Cabarrus, eut déjà l'ambition de doter l'Espagne d'institutions de crédit, et réussit du moins à créer la banque de Saint-Charles. On eût fait davantage sans les événements du règne de Charles IV, sans l'invasion du pays.

Comme Charles-Quint, Napoléon Ier sentait le prix de l'agrégation des trois nations latines pour l'assiette de sa domination. Ce rêve de monarchie universelle, qui avait fini au seizième siècle par une abdication volontaire, a fini de nos jours par une déchéance ; le monastère de San-Yuste a pour pendant la geôle de Sainte-Hélène. C'est peu ; si le César de la réforme laissa après lui le principe de l'équilibre, ce qui est vivace après le César de la révolution, c'est le principe de la libre association des peuples, que nous voyons se réaliser par l'industrie. L'ère des empires militaires est irrévocablement close.

L'Espagne fut surprise ; crise terrible, mais salutaire. Ce fut comme le dernier terme de la transformation qui se faisait en elle depuis une centaine d'années. La Castille et l'Aragon n'eurent qu'une âme contre la servitude étrangère ; tout se fondit dans l'unité nationale ; du même coup, le despotisme intérieur fut sapé durant un interrègne dont elle était innocente. Elle répudia la royauté du bon plaisir en demeurant fidèle à ses princes; elle renonça à la tyrannie sacerdotale sans protester contre son église; ce fut par une explosion de sa spontanéité qu'elle s'assimila à l'Europe. Vingt-cinq ans ne s'étaient pas écoulés que la monarchie constitutionnelle était fondée; depuis l'apaisement des discordes civiles, les améliorations ont repris leur cours.

L'œuvre de la régénération est donc plus avancée qu'on ne le suppose; il est à propos de le constater sommairement.

Selon l'estimation la plus probable, au seizième siècle, l'Espagne comptait près de 10 millions d'habitants; en 1594, elle en comptait encore 8,206,791; cent et quelques années plus tard, lors de la mort de Charles II, elle n'en comptait plus que 5,700,000; c'est le bilan de la maison d'Autriche. En 1788, la population s'était relevée à 10,043,968 âmes; en 1825, elle était fixée à 14 millions; la vérification du recensement en 1857 la porte à 15,518,516 pour la Péninsule, les îles Baléares et les Canaries; mais, attendu que chaque municipalité a intérêt, en tant que groupe de contribuables, à se diminuer, il n'y a point d'exagération à attribuer 17 millions d'âmes à la Péninsule seulement, et le territoire laisse de la latitude. Sa superficie est de 48,810,000 hectares : si la France nourrit 36 millions d'habitants sur une superficie de 52 millions d'hectares, l'Espagne pourra en nourrir 30 millions. Qu'on veuille bien le remarquer, la population actuelle de 17 millions égale celle de la Prusse ; la population possible de 30 millions égalera celle de l'Angleterre. Quant au commerce de l'Espagne avec l'étranger et ses colonies, en 1843, date des premiers documents officiels, il n'excédait pas 196,604,000 francs ; en 1846, il montait à 300 millions ; en 1850, à 320,288,000 francs ; en 1851, à 326,304,000 francs ; en 1852, à 357,926,000 francs ; en 1853, à 423,969,000 fr. ; en 1854, à 487,886,000 francs ; en 1855, à 600 millions. En douze années, l'accroissement a été de 403 millions, ou en moyenne de 33 millions par an. Lorsqu'un pays s'aide si bien lui-même, on ne risque rien à l'aider ; un peu de temps, et il sera au niveau de tous.

Ainsi sera consolidée la monarchie constitutionnelle, nonobstant les prédictions sinistres que la moindre

commotion suggère. Il n'y a point lieu à révolution là où l'égalité chrétienne se professe de meilleure grâce que partout ailleurs, et ces agitations
ne sont pas des énigmes dont il faille chercher le
mot bien loin; elles proviennent de ce que la classe
moyenne n'est pas en mesure d'user parfaitement des
institutions représentatives dont elle est le moteur
principal. Ce qui lui manque, ce sont l'aplomb, la
consistance et l'habileté que les bourgeoisies d'Angleterre et de France doivent à une longue gestion
des affaires. Annulée politiquement par la royauté,
il y eut des empêchements de force majeure à ce
qu'elle s'indemnisât dans une autre sphère en se mettant à la tête des travaux. Il n'y a donc pas entre elle
et le gros de la nation une solidarité d'intérêts; sa
base est étroite, et il y a dans ses rangs défaut d'en-
tente et de discipline. Les partis cherchent l'appoint
de leur insuffisance dans la force; l'élément militaire
profite des défaillances de l'élément civil; les indivi-
dualités remplissent de leurs prétentions et de leurs
rivalités une arène où les intérêts généraux ne font
pas corps. De là des perturbations dénotant la situation
temporaire de la classe qui représente, sans prouver

l'incompatibilité de la nation et des institutions représentatives dont la tradition est plus ancienne que celle du despotisme; le jeu en deviendra régulier à mesure que la bourgeoisie deviendra prépondérante, c'est-à-dire qu'elle installera la prospérité matérielle.

Tout se tient, et cette prospérité, condition nécessaire d'un gouvernement libéral, sera le point de départ d'un rôle extérieur pour la nation qui se mêlera aux mouvements du monde, dès qu'elle aura acquis la conscience de ses forces.

IV.

Tel sera le résultat de cette intervention de financiers et d'ingénieurs que le Crédit mobilier a déterminée par l'une de ces heureuses initiatives qui attestent dans cette institution l'intelligence du pouvoir de l'industrie pour améliorer la destinée des nations et pour les rapprocher. L'an dernier, nous rendions compte, dans la *Revue des Deux-Mondes*, de son entreprise colossale de chemins de fer en Russie; c'est à l'autre bout de l'Europe, cette année, que nous signalons ses opérations.

Et déjà ces opérations sont populaires parmi nous. La France et l'Espagne ne l'ignorent plus; leurs populations consanguines appartiennent à la grande famille des Celtes et des Ibériens; Ibériens et Celtes se sont primitivement mêlés par des immigrations alternatives que les Pyrénées ne purent empêcher, et Rome, en les conquérant, ne fit que ramener dans leur sein un élément de même origine qui s'était fixé au delà des Alpes. Quelle qu'ait été sur leurs territoires la prépondérance ultérieure des établissements de la race germanique, les deux Péninsules et la Gaule n'ont pas été absorbées par cet élément étranger, elles se le sont assimilé, et l'Italie, l'Espagne, la France sont demeurées des nations latines. Une longue suite d'épreuves, en révélant à la France et à l'Espagne le secret de leurs affinités natives, a fortifié leur attachement; elles se savent gré de l'échange de leurs influences diverses; elles reconnaissent leurs intérêts communs; cette alliance de famille va être resserrée par l'accroissement des relations et la réciprocité des bonnes affaires.

Cette étude comprendra la description du réseau ; l'indication des ressources exploitées ou exploitables sur le trajet de chacune des voies qui rayonneront dans les provinces ; l'examen spécial du chemin de fer du Nord, dont la valeur est appréciable sur un simple aperçu du tracé.

Au sortir de Madrid, la ligne touche à l'Escurial, franchit la sierra Guadarrama, traverse la Vieille-Castille, si fertile en céréales, ainsi que nous venons de le voir, passe par Valladolid, et se bifurque ; un embranchement se dirige sur Alar del Rey pour se raccorder avec un chemin de fer en construction qui aboutit au port de Santander ; la ligne principale gagne Burgos et Vittoria, franchit les Pyrénées, atteint le port de Saint-Sébastien, et se termine à Irun sur la Bidassoa, à 34 kilomètres de Bayonne, l'un des points d'attache de nos chemins de fer du Midi. De Madrid à Irun, il y a 633 kilomètres ; l'embranchement d'Alar en a 90 ; soit 723 kilomètres pour le développement total. Une voie qui relie l'intérieur de l'Espagne aux ports du golfe de Gascogne et aux frontières de France est une voie commerciale de premier ordre ; c'est la pièce capitale du réseau, surtout si on considère la situation économique des territoires qu'elle dessert et la portée de ses embranchements.

Et ce tracé n'est pas une lettre morte, il est en pleine exécution. Pendant la campagne de 1857, des milliers d'ouvriers ont remué les plaines du Léon et de la Vieille-Castille ; plusieurs ponts se construisent sur les affluents du Douero et sur ce fleuve ; quelques-uns sont presque achevés ; les terrassements sont faits sur des centaines de kilomètres ; la section de l'Escurial est commencée. Les concessionnaires, chose rare, ont fait peu de bruit et beaucoup de besogne. C'est à la société générale du Crédit mobilier espagnol, fondée par le Crédit mobilier, que ce chemin a été concédé avec une subvention de 54,247,322 francs, égale pour le moins au quart du capital nécessaire ; la durée de la concession est de quatre-vingt-dix-neuf ans pour chaque section à partir du jour de l'ouverture.

C'est pour établir la valeur du chemin du Nord, nous le déclarons, que nous reprenons la plume, après nous être convaincu que ce TRAIT D'UNION de la France et de l'Espagne est l'une des meilleures affaires de chémin de fer de l'Europe et la meilleure de la Péninsule. Nous avons puisé cette conviction dans de nombreux documents publiés et inédits, dans l'exploration de toutes les entreprises pareilles, et nous sommes sûr de la communiquer à nos lecteurs, en les mettant en quelque sorte à même de vérifier le résultat de nos comparaisons par leurs propres yeux. *Nous leur ferons faire leur tour d'Espagne.* Aucun chemin n'y perdra, mais le chemin du Nord y gagnera le *prix d'excellence.*

Qu'on ne s'étonne pas de ce résumé de notre étude ; l'industrie des chemins de fer a un avenir privilégié dans ce pays ; avant d'entrer en matière nous appellerons l'attention sur sa configuration, qui mérite d'être observée.

DESCRIPTION GÉOGRAPHIQUE.

———

Au sud-ouest de l'Europe, la péninsule hispanique, de forme à peu près quadrangulaire, se soude au continent par une portion du côté septentrional; le reste est encadré par la mer. La frontière de terre, de la Méditerranée à l'Océan, mesure 115 lieues; isthme de la presqu'île, n'offrant d'ouvertures qu'au levant et au couchant, là où les Pyrénées s'affaissent et livrent deux passages vers la France. C'est par les frontières maritimes, d'un développement d'environ 825 lieues, que le pays est libre de communiquer avec tous les autres; mais ces communications n'ont de prix qu'autant que le centre est en relation avec les côtes, et çà et là le territoire est barré par les montagnes. La séparation extérieure a sa reproduction multiple dans les séparations intérieures. On dirait que cette terre, battue de deux mers, a dû être fortifiée dans tous les sens par les évolutions savantes d'une ligne de défense. Quoique ces enchevêtrements aient été longtemps un obstacle à la création d'un système de routes, ils ne font pas une terre exceptionnelle de l'Espagne dont il est aisé de découvrir les traits généraux et le dessin régulier.

Premièrement, sous le nom de chaîne cantabrique, les Pyrénées accompagnent l'Océan, à l'ouest du golfe de Gascogne, jusqu'au cap Finistère ; elles constituent le pays basque, les Asturies et, par leur épanouissement à l'extrémité du littoral, la Galice. C'est dans ces trois provinces que les caractères de la région septentrionale sont le plus tranchés. Puis, du point où le pays basque finit, se projette à l'est du golfe de Gascogne jusqu'à la Méditerranée, en obliquant au sud, sous la dénomination commune de cordillère ibérique, une série de massifs imposants dont les noms divers seront mentionnés dans nos descriptions particulières. Cette cordillère, la Méditerranée et la chaîne des Pyrénées forment un triangle où la Navarre, l'Aragon, la Catalogne et le Valence sont contenus; l'Èbre y a son cours, la source au sommet et l'embouchure à la base. Par sa dépendance des Pyrénées, cette vallée tient à la région septentrionale; par son inclinaison au sud-est, elle entre dans la région méridionale; par sa partie moyenne, elle s'approche de la région centrale.

C'est au revers de la chaîne cantabrique et de la cordillère ibérique que s'étend la région centrale. Tel est le renflement extraordinaire du milieu de l'Espagne au-dessus du niveau de la mer que Madrid est *quinze fois plus élevé que Paris, trois fois plus que le mont Valérien.* Cette région centrale est coupée en deux plateaux par la sierra Guadarrama, qui procède de la Cordillère et marche transversalement du nord-est au sud-ouest; comme elle, en affectant une direction à peu près parallèle à la sienne, d'autres sierras sortent par échelons de la cordillère ibérique; elles déterminent l'inflexion au sud-ouest des grands cours d'eau qu'elles encaissent dans leurs vallées. Le plateau supérieur renferme le Léon et la Vieille-Castille; c'est le bassin du Douero issu du versant occidental de la cordillère, coulant en sens inverse de l'Èbre, entre la chaîne cantabrique et la sierra Guadarrama, vers l'océan lusitanique. Le plateau inférieur est occupé par les bassins du Tage et de la Guadiana, qui ont aussi leur origine dans la cordillère et sont aussi tributaires de l'océan lusitanique ; ces deux bassins sont compris entre la sierra Guadarrama et la sierra Morena ; la partie correspondante au centre est la Nouvelle-Castille, la partie qui s'en écarte est l'Estremadure. Les sections les plus occidentales des trois vallées du Douero, du Tage et de la Guadiana forment, sous un seul nom, une bande le long de l'Océan ; c'est le Portugal.

A l'extrémité du plateau inférieur, entre la Nouvelle-Castille et la Méditerranée, la Murcie se lie au Valence par les rameaux de la cordillère ibérique, à l'Andalousie par le prolongement de ces rameaux. Le Valence, la Murcie et l'Andalousie ont les caractères de la région méridionale. L'Andalousie est comprise entre la sierra Morena et la sierra Nevada. La sierra Morena est côtoyée par le Guadalquivir qui débouche sur la plage espagnole dans l'océan du Sud ; la sierra Nevada borde la Méditerranée jusqu'au delà du détroit de Gibraltar, sorte d'ouvrage avancé qui renforce la Péninsule vers

le point de réunion des deux mers, et les sommets de
cette dernière chaîne se relèvent en regard du Maroc
à la hauteur des sommets pyrénéens.

Dans la région septentrionale, le fruit de la vigne
mûrit à peine ; dans la région centrale, le vin abonde,
mais l'oranger craint l'hiver ; dans la région méridionale, le vin est liquoreux et l'oranger fructifie en pleine
terre.

Sans doute il ressort de cette description que
chacune des deux anciennes divisions politiques,
Aragon et Castille, participe des trois climats ; ce sont
comme deux Espagnes dont on pourrait supposer la
séparation topographique bien prononcée, en se rappe-
lant que la vallée de l'Èbre fut rattachée un moment à
l'empire de Charlemagne. Pourtant, que l'on considère
la région centrale et proéminente ; là se trouvent la tête
des vallées principales et la clef de l'Espagne. Lorsque,
après l'invasion des Maures, la monarchie se réor-
ganisa dans deux foyers, la royauté d'Aragon, née
derrière les montagnes ibériques, agrégea la Catalogne, le Valence et la Navarre ; mais la royauté née
derrière les monts cantabres, ayant pris pied sur les
deux versants du Guadarrama, domina tout par les

deux Castilles ; elle acheva peu à peu la conquête de la région méridionale sur les Maures, et prima la couronne aragonaise ; l'unité du pays fut attestée. D'autres conséquences historiques de cette élévation du plateau seront présentées lorsque nous aurons reconnu comment, sous un gouvernement obéré, elle contraria, autant que les difficultés du terrain, l'établissement de la viabilité.

Routes et fleuves.

La construction des routes ne date que de la moitié du siècle dernier. On se borna à quelques lignes principales se dirigeant de Madrid sur Bayonne par Valladolid, Burgos et Irun ; sur Perpignan par Saragosse et Barcelone ; sur Valence ; sur Cadix ; sur Badajoz ; sur le Ferrol et la Corogne. On n'a pas été au delà de ces rudiments d'un ensemble de communications auquel un petit nombre d'embranchements s'est ajouté. Ce sont des chaussées d'une solidité digne des Romains, mais d'une insuffisance affligeante. On a vu les Asturies, contiguës au plateau supérieur de la région centrale qui produit des blés et des vins, recevoir à meilleur marché par mer les vins de la Catalogne et les blés de notre Beauce. Les grains de l'Espagne, grevés des frais d'envoi du lieu de production au lieu d'expédition, revenaient plus cher au Mexique que les grains des États-Unis importés à Cadix et réexportés en Amérique. Plus récemment, après de mauvaises récoltes dans la Vieille-Castille, l'hectolitre de blé y valait 55 francs lorsqu'il n'en valait que 24 en Andalousie. Encore à cette heure, partie des transports se fait à dos de mulet, partie par le roulage, à un taux coûteux. Sur la route d'Irun à Madrid, le prix moyen par tonne et par kilomètre est de 50 centimes par le roulage ordinaire, de 60 centimes par le roulage accéléré.

Le réseau des voies ferrées ne sera donc pas forcé de lutter contre des services réguliers et des tarifs modérés ; héritier d'une fonction mal remplie, trop rétribuée, il attirera les marchandises circulantes, les marchandises stagnantes et les marchandises nouvelles dont il provoquera la création. Les échanges des trois régions septentrionale, centrale, méridionale, recevront une extension nouvelle, et suffiraient presque à l'alimenter. Quant aux voyageurs, leur nombre est restreint par la cherté des diligences qui prennent plus de 25 centimes par kilomètre, par l'obligation, sur les routes qui ne sont que tracées, de recourir à la monture ou à la *galère,* espèce de fourgon marchant à petites journées. La mobilité des populations augmentera par la facilité et le bon marché du déplacement, on en a la preuve.

Le chemin de fer entre en possession d'un pays neuf, il n'est menacé d'aucune concurrence. D'après l'élévation du plateau au-dessus du niveau de la mer, soit 600 mètres en moyenne, les voies fluviales auraient nécessité la correction d'une pente très-forte des cours d'eau, sans parler des bancs de roches qui les traversent, de l'escarpement des rives, de leurs crues exorbitantes en hiver et de leur appauvrissement en été. Cette complication de travaux extraordinaires a déconcerté tous les plans imaginés pour rendre les fleuves navigables sur la totalité de leurs cours, ou pour faire communiquer l'Océan et la Méditerranée par leur intermédiaire.

Le Tage, descendu de l'un des points culminants de la région centrale, n'est navigable pour des bâtiments d'un faible tonnage que de Lisbonne à Abrantès; d'Abrantès à Alcantara, sur la frontière du Portugal et de l'Espagne, il oppose à la remonte une série de gorges et de chutes ; ses crues y atteignent à 30 mètres au-dessus de l'étiage. Lors de l'occupation du Portugal, Philippe II ordonna à l'ingénieur italien Antonelli d'opérer sur ce fleuve. Après sept années de travaux, en 1588, six chaloupes chargées de grains firent en quinze jours le trajet de Tolède à Lisbonne ; mais elles ne revinrent pas de Lisbonne à Tolède. Cette tentative, interrompue par la mort de l'ingénieur et la pénurie du trésor, fut reprise en 1640, à l'occasion de la guerre d'affranchissement du Portugal, poursuivie cinq ans et abandonnée. C'est la preuve qu'il n'a pas été impossible d'obtenir sur le Tage une navigation précaire à un prix énorme, ce qui est un médiocre encouragement à renouveler ces essais ; il n'en reste rien que le nom de *Plazuela de las barcas* que porte encore au pied de Tolède le lieu de départ des bateaux.

Selon le plan très-vaste d'Antonelli, le Douero devait être relié au Tage, après avoir été approprié à la navigation, par le moyen des deux rivières voisines de Madrid, le Mançanarès et le Xarama ;

sous Charles II, des ingénieurs flamands proposèrent de mettre la main à l'œuvre, et dès le début ils entreprirent de resserrer le lit du Douero. Toutefois ces desseins avaient-ils été mûrement étudiés? Il vient d'être constaté qu'à partir de Zamora, ville du Léon, jusqu'à Torre de Moncorvo en Portugal, ce fleuve coule entre des rives abruptes qui défient l'explorateur le plus hardi, dans une sorte de fente qui n'admettrait pas la pose d'une voie de chemin de fer, et que toute cette partie de son cours est rebelle à la canalisation. Il ne s'expédie de Zamora à Torre de Moncorvo que des barques perdues, qui ne remontent jamais. C'est seulement de Torre de Moncorvo à Oporto qu'une compagnie intéressée à l'exportation des vins de l'intérieur a rendu le Douero praticable pour des embarcations du port de trente tonneaux, en faisant disparaître un rapide très-périlleux. L'Espagne n'a retiré de ces projets magnifiques autre chose qu'un canal de 16 kilomètres, entre le Mançanarès et le Xarama; encore n'est-il fait qu'à moitié. Rien ne fut commencé sur la Guadiana, qu'on eut l'intention de canaliser en Estremadure, et qui est interceptée entre Badajoz et la mer par la cataracte de Mertola.

Et n'est-ce donc pas parce que la Guadiana, le Tage et le Douero se prêtent difficilement aux communications que le Portugal a pu maintenir son indépendance à leur embouchure, et la reconquérir soixante ans après l'avoir perdue?

Le Guadalquivir est navigable de la mer à Séville ; entre Séville et Cordoue, il cesse de l'être ; malgré les travaux ordonnés par Philippe IV en 1626, il ne le devint temporairement que sur 8 kilomètres en amont de Séville. On a dit qu'au temps des Maures le fleuve entre les deux cités était propre à la navigation, c'est une erreur ; les Maures usaient surtout du fleuve au profit des biens de la terre. Ce qui est positif, c'est que de 1811 à 1812 un corps d'armée français pourvut au transport de ses approvisionnements par une combinaison ingénieuse. De Cordoue à Séville, le Guadalquivir fut partagé en trois sections, d'après les différentes cotes du sondage ; chaque section eut une flottille de barques du tonnage voulu par le tirant d'eau habituel ; le minimum de la charge était de cinq tonneaux, le maximum de vingt-cinq, et ces trois flottilles, organisées en quatre mois, fonctionnèrent comme des relais. Le souvenir de cet expédient de guerre, l'une des vieilles barques françaises retrouvée en 1815, furent le point de départ d'une suite d'études et de plans ; un projet de canal latéral, auquel deux savants ingénieurs espagnols avaient conclu l'un après l'autre, parut au gouvernement assez sérieux pour être mis en adjudication en 1847 ; la chose n'a pas été plus loin.

Aujourd'hui, ce nous semble, il n'y a aucun intérêt à amener dispendieusement de Cordoue, élevée de 235 mètres au-dessus du niveau de la mer, un canal jusqu'à Séville, puisque ces deux villes vont être jointes par un chemin de fer. Il s'agit de rendre le fleuve plus commodément flottable pour les trains de bois des forêts de la Segura, qui ne descendent pas toujours sans embarras, et d'abandonner aux prises d'eau de la culture ce Guadalquivir moyen. En revanche, il faut poser résolûment le problème de la grande navigation sur le Guadalquivir inférieur. C'est de Séville à l'Océan qu'il faut mettre le fleuve de l'Andalousie à même de porter des bâtiments d'un fort tonnage, de telle sorte que Séville redevienne ce qu'elle a été, un port de mer, une rivale de Cadix et de Malaga. La part sera faite au commerce et à l'agriculture.

Parlerons-nous des projets de jonction des deux mers, que la situation de la Péninsule devait susciter? L'Èbre, le seul grand fleuve qui ait son embouchure dans la Méditerranée, était l'une des données obligées de cette jonction; l'autre était indéterminée. Le voisinage de sa source et de celle de la Pisuerga fit songer au Douero, dont cette rivière est l'un des affluents; ce qui a été dit du Douero montre ce qu'il y avait de peu réfléchi dans ce dessein de relier les eaux méditerranéennes à l'océan lusitanique. Il était moins téméraire de rattacher l'Èbre supérieur au golfe de Gascogne par un canal que les rivières du pays basque auraient alimenté; on y pensa au dix-huitième siècle. Nous en parlerons dans le chapitre suivant à propos de la canalisation de l'Èbre, qui commença sous Charles-Quint et s'achève. On verra ce qui légitime cette entreprise déjà couronnée de succès, la seule qui soit présentement une opération judicieuse.

Reste le canal de Castille creusé dans la vallée du Douero et rencontré par le chemin du Nord; il en sera fait mention lors de l'examen de ce chemin.

L'état de la viabilité fluviale est reconnu. Tant que les empêchements signalés n'auront pas été levés,

les voies ferrées conserveront leur monopole. D'ailleurs, n'y aurait-il pas une émulation déplacée à vouloir doter ce pays d'un réseau de canaux, à l'instar
de l'Angleterre et de la Hollande? Ce serait faire abstraction des circonstances particulières aux fleuves
de l'Espagne, qui, sous le rapport de la difficulté, de
la dépense et de l'utilité, décident la question des
moyens de transport en faveur des voies ferrées,
comme elle est décidée dans le même sens, en
Russie, par un hiver qui gèle les canaux et les fleuves
près de six mois. Ce n'est pas tout. En Espagne,
on ferait en outre abstraction du sol et du climat qui
commandent, sauf quelques exceptions, de réserver
les cours d'eau à l'agriculture. Tôt ou tard, il faudra
bien reprendre sur une grande échelle ce système
d'irrigations introduit par les Carthaginois, réglementé
par les Visigoths, perfectionné par les Maures, presque entièrement négligé à cette heure. Tels en sont les
avantages que, lors de la proscription de 1609, les
barons du Valence avaient été autorisés à retenir six
familles maures sur cent, pour enseigner aux chrétiens l'art d'entretenir les aqueducs et les canaux
d'arrosage.

Étendu à toute la surface du pays, un tel système procurerait des bénéfices incalculables. C'est à tort qu'on suppose qu'il n'y a pas pour le territoire assez d'eau, surtout avec l'évaporation, et que d'immenses espaces sont voués à l'aridité. Dans la région la plus élevée, les fleuves non comptés, le Léon est baigné par dix-sept rivières, la Vieille-Castille par trente et une, la Nouvelle-Castille par vingt-deux; ces soixante-dix rivières suffiront, lorsqu'on voudra limiter les envahissements de la sécheresse sur ces contrées centrales déboisées, qui ne seront restaurées que par un aménagement bien entendu des eaux et qui reconnaîtront ce bienfait par les merveilles de leur fertilité cachées actuellement sous une croûte épaisse ou sous une couche de poussière. Mais une pareille entreprise ne saurait être livrée aux tâtonnements de l'intérêt individuel; elle réclame à la fois la science des ingénieurs, des vues d'ensemble, et l'organisation d'une compagnie générale assez puissante pour commanditer des compagnies spéciales dans les divers bassins de l'Espagne, pour les lier par la mutualité, pour donner à leurs titres, par son contre-seing, une valeur sur les places financières. Chaque chose viendra en son temps. Ce qu'il importe dès à présent de comprendre, c'est la convenance d'affecter à la production la presque totalité du volume des rivières et des fleuves qui, au lieu d'être convertis en artères de la navigation intérieure, doivent l'être en instruments de fertilisation, chose plus avantageuse, indispensable même; durant l'été, les pluies sont rares partout; sur quelques points il ne pleut pas.

Ces vues ont plus d'une autorité en leur faveur. Ce furent celles d'un habile ingénieur français qui a attaché son nom à la construction de la route de Madrid à Cadix à travers les défilés de la sierra Morena, de Charles Lemaur. Lui aussi avait conçu le projet d'un canal considérable, mais ayant pour objet de fertiliser les parties arides du plateau inférieur de la région centrale, en reliant le versant oriental du Guadarrama, le Tage, la Guadiana et le haut Guadalquivir. Le ministre Florida-Blanca avait agréé ce plan, dont la mort de l'auteur arrêta l'exécution; l'idée reste comme une indication profitable.

Les chemins de fer ne sont donc nulle part plus nécessaires, nulle part ils ne seront mieux rémunérés; ils auront pour auxiliaires et non pour concur-

rents les canaux d'irrigation appliqués secondaire-
ment au transport ; ils donneront les routes qui
manquent. Ce n'est pas dire que toutes les lignes
espagnoles seront uniformément fructueuses et qu'on
peut en couvrir le sol sans discernement ; leur bonté
dépendra de l'état actuel du territoire desservi, des
conditions de l'exécution ; mais les moins bonnes
s'amélioreront moins lentement qu'en aucun autre
milieu, les meilleures seront immédiatement excel-
lentes ; — ainsi le veut la force des choses.

Et les effets ordinaires des voies ferrées ne sont pas
la mesure de leurs effets dans ce pays. Que de méta-
morphoses rapides, lorsque tout d'un coup une nation
énergique et intelligente exercera sa faculté de communication dont elle jouit à peine, avec la puissance
de l'appareil qui l'aura aidée à vaincre les difficultés
du terrain ! Les montagnes du dehors et du dedans ne
pouvaient être aplanies que par le rail. C'est le rail
qui fera cesser les isolements partiels dont les provinces juxtaposées demeurent affligées les unes par
rapport aux autres, et il fera cesser l'isolement général dont l'Espagne est affligée par rapport à la France,
il la mettra de plain-pied avec l'Europe.

Influences de la configuration.

Les disgrâces de cette configuration au point de vue des routes anciennes ont eu pour résultat la ténacité de l'esprit provincial, un fédéralisme réfractaire, l'enfantement laborieux de l'unité nationale, politique, administrative ; graves inconvénients qui n'ont pas été sans compensation. Une longue habitude de certaines libertés locales a corroboré la notion de l'égalité chrétienne et exalté la dignité individuelle. Il est peu de pays où l'homme, quelle que soit sa condition, ait un sentiment plus haut de la valeur de l'homme ; c'est de l'Espagne surtout qu'on a pu dire que là il y avait un peuple et pas de populace. Mais cette configuration a eu une destination supérieure qui a été le correctif de tous les désavantages, ce n'est pas nous écarter de notre sujet que de l'indiquer.

L'Espagne va à l'Afrique par la dégradation de sa latitude ; le relief de son territoire au-dessus du niveau de la mer la fixe en Europe. Sa température a un caractère mixte entre les deux climats, et sa végétation, selon le rang qu'elle occupe sur les étages du plateau ;

rappelle l'Angleterre ou la France, l'Italie ou la Grèce, l'Algérie ou le Maroc. Le champ de blé et la rizière, le lin et le cotonnier, la garance et le nopal à cochenille, le lichen et la réglisse, le pommier et le bananier, la betterave et la canne à sucre, la forêt de sapins, de chênes, de hêtres, le bois de mûriers, d'oliviers, d'orangers et de palmiers ; toutes ces choses y sont rassemblées, et cette variété est une richesse en même temps qu'un spectacle plein de séductions et de surprises. Cette même diversité se retrouve dans la nation qui présente deux types : la gravité et la légèreté ; la rigidité et la mollesse ; la temporisation qui croit à l'éternité et la précipitation qui ne croit qu'à l'heure présente ; le laconisme emphatique et la phrase intarissable et sonore ; les desseins suivis avec une opiniâtreté séculaire et la mobilité des résolutions ; la fierté républicaine jusqu'à l'anarchie, l'adoration du pouvoir jusqu'à la prostration orientale. Ses annales offrent comme une distinction singulière l'empreinte sévère et brillante de ces deux types ; pourtant les prémices de ce tempérament moyen où se résolvent les extrêmes se découvrent dans la population de la région centrale ;

la prépondérance future de la classe intermédiaire et de la capitale en garantit la manifestation complète.

C'est bien le pays où devaient venir se mêler aux races ibériennes, en partant du nord et du sud, les migrations fraternelles de la Gaule, les marchands de Tyr et de Carthage, les colons de l'Italie, les juifs de la dispersion, les fils de la Germanie, Suèves, Vandales, Visigoths, les Arabes du Hedjaz et les Berbers de la côte d'Afrique. Ces derniers venus se crurent sur le sol natal à côté de l'aloès et du dattier; ils bâtirent la mosquée, l'alcazar et l'école; l'école où la chrétienté se familiarisa avec les sciences de la nature et s'instruisit dans Aristote commenté par les disciples de Mahomet, tandis qu'elle se formait à l'industrie et au commerce par les croisades, comme si elle devait en Occident aussi bien qu'en Orient recevoir une initiation de l'islamisme. Cependant la foi évangélique ne périt pas chez les vaincus. Leur orthodoxie avait obligé les Visigoths à abjurer l'arianisme; elle ne fut pas altérée par la contagion de la croyance de leurs nouveaux maîtres. Envahie sans effort comme la Syrie et l'Égypte, l'Espagne n'eut pas la faiblesse du monde grec, elle eut la vertu du monde latin et barbare, retrempée par l'élévation de son plateau. Non-seulement elle amortit au profit de l'Europe l'élan des tribus du prophète, mais encore elle recouvra son territoire pied à pied. Les conquérants d'ailleurs hésitèrent à s'acclimater dans cette région centrale où l'oranger n'oserait s'exposer aux froids de l'hiver, et, pour avoir toujours cédé à leurs propensions vers la région méridionale, après avoir acculé les chrétiens derrière la chaîne cantabrique, ils se virent à leur tour acculés à la sierra Nevada, dernier asile des races africaines en face même de l'Afrique. C'est surtout dans l'Andalousie que l'art arabe de Damas, de Bagdad et du Caire s'était naturalisé comme dans une patrie d'adoption. Mais, à chaque progrès du christianisme, à chacun de ses pas du nord au sud, ses églises triomphantes se dressaient avec les hautes aspirations du style gothique de la France et de l'Allemagne, en imposant leur austérité mystique aux flots de lumière du ciel le plus méridional. Sous tous les rapports, en un mot, l'Espagne a été mieux défendue de l'absorption africaine par sa configuration que par le détroit de Gibraltar, et les bras des Pyrénées, en la soulevant au-dessus de l'at-

mosphère brûlante du Maghreb, l'ont tenue rattachée à la croix et à la civilisation de l'Europe, malgré
la large infusion du sang sémitique dans ses veines.

Enfin, n'est-ce pas grâce à cette configuration que
l'Espagne pourrait tirer de la Belgique, de l'Irlande,
de l'Allemagne catholique, de l'Italie, des colonies
de travailleurs qui diminueraient le déficit de sa population et l'assisteraient pour mettre le sol en valeur?
Sous Charles III, d'après un projet d'Olavidé, appuyé
par Campomanès et d'Aranda, des Français, des Suisses,
et notamment 6,000 Bavarois furent établis dans un
district désolé de la sierra Morena, où cinquante-
huit villages se créèrent autour de la ville nouvelle
de Carolina, leur chef-lieu. Aujourd'hui que de pareilles fondations n'auraient plus à redouter une
inquisition ombrageuse et seraient préparées avec
liberté, elles auraient toutes les chances de réussite.
Certes, puisqu'en cent dix-sept années la nation a
expulsé plus de 3 millions d'habitants, et que durant
deux siècles elle a importé sa race en Amérique, dans
les Pays-Bas, en Allemagne, dans le Milanais, à
Naples, en Sicile, on estimera que peu d'États ont
fait une dépense d'hommes aussi prodigieuse, et

qu'elle a le devoir de réparer ses pertes. Viennent les émigrants du nord ou du sud, son climat ne leur fera pas payer l'hospitalité par un tribut de mortalité ou de douloureuses épreuves ; elle le leur distribuera selon leur tempérament et leurs habitudes d'origine.

Le pays étant connu, voyons les principaux chemins de fer exécutés ou concédés, et leurs embranchements possibles. Il suffira, pour ce qui concerne le mode d'exécution, de dire qu'après des expériences peu satisfaisantes le gouvernement a adopté le principe de la concession à des compagnies, moyennant adjudication publique, avec subvention, et que la matière est régie par une loi libérale.

Le point de départ de toutes ces voies est Madrid.

LE RÉSEAU.

Madrid est presque le centre de l'Espagne ; ce fut l'un de ses titres à devenir le siége de la monarchie, honneur qui se disputait entre Burgos et Tolède. Burgos, chef-lieu de la Vieille-Castille, sur la limite des vallées du Douero et de l'Èbre, était trop au nord ; Tolède, chef-lieu de la Nouvelle-Castille sur le Tage, tomba en défaveur nonobstant sa situation moyenne et une population de 200,000 âmes, pour avoir été en 1522 la place d'armes de l'insurrection des *communeros*. Charles-Quint, fondateur d'une nouvelle dynastie, élut dans Madrid une capitale nouvelle ; Philippe II s'y fixa.

C'était un bourg à 70 kilomètres de Tolède, au

bord de l'un des affluents du Tage et en vue de la
sierra Guadarrama, né à côté d'un pavillon de chasse
des anciens rois dans cette localité alors très-boisée,
représenté aux cortès dès le quatorzième siècle; du
reste, figurant obscurément dans les traditions nationales et n'offrant au commerce aucun avantage; le
Mançanarès est une rivière modeste que la magnificence des ponts ne peut empêcher de tarir en été.
Quoi qu'il en fût, central et innocent de tout passé
séditieux, ce bourg était un poste stratégique pour
une royauté qui méditait l'abaissement des métropoles
historiques, des priviléges provinciaux et nobiliaires;
ce fut le signe de l'avénement de l'unité. Madrid porte
la peine de sa destination politique originelle et du
défaut de communications; il a une régularité gran-
diose, il n'a pas l'attrait de la fécondité majestueuse.
Son enceinte ne contient pas plus de 300,000 habitants, ses alentours sont dépeuplés et tristes. Ville de
cour, de bureaucratie, de casernes, d'écoles et de
musées, il a été la tête de l'Espagne; il en sera désormais le cœur, en vertu de son système de circulation
et de la fonction industrielle, commerciale et financière qu'il prendra à l'exemple de toutes les cités ré-

gnantes. C'est le réseau qui confirmera sa promotion à la dignité de capitale.

Madrid étant le point de départ donné, voici les lignes indiquées par la configuration du pays telle qu'elle a été précédemment esquissée :

1° Une ligne passant le Guadarrama pour occuper le plateau supérieur de la région centrale, Léon et Vieille-Castille, et pour atteindre les provinces occidentales de la région septentrionale, Galice, Asturies et cantons basques, se terminant au golfe de Gascogne et sur la frontière française;

2° Une ligne passant la cordillère ibérique, pénétrant dans les provinces orientales de la région septentrionale, Aragon et Catalogne, se terminant sur la Méditerranée à Barcelone;

Ce sont ces deux lignes qui réuniront l'Espagne et la France par Bayonne et par Perpignan;

3° Une ligne parcourant le plateau inférieur de la région centrale, Nouvelle-Castille, se ramifiant dans le Valence et la Murcie, se terminant sur la Méditerranée à Alicante;

4° Une ligne passant la sierra Morena pour entrer dans la troisième province de la région méridionale, l'Andalousie, se terminant sur le Guadalquivir à Séville, sur l'Océan à Cadix.

Le système serait complet, si deux autres lignes accompagnaient le Tage et la Guadiana dans l'Estremadure, qui continue la Nouvelle-Castille en regard du Portugal, si l'une de ces lignes allait jusqu'à Lisbonne ; la réalisation de ces projets serait prématurée. L'Estremadure n'a guère plus de 700,000 habitants ; elle ne rétribuerait pas suffisamment des chemins à long parcours, et, comme le Portugal a moins de désir de communiquer avec l'Espagne qu'avec l'Europe, un autre trajet dont il sera question le satisfera davantage. Tout en souhaitant l'incorporation économique des deux royaumes de la Péninsule et l'annexion de l'Estremadure aux provinces limitrophes, il convient de ne pas faire étalage de programmes chimériques qui nuiraient au crédit des chemins de fer espagnols. Ce qui importe, ce n'est pas de parfaire immédiatement, coûte que coûte, la symétrie du réseau ; c'est de commencer par les voies productives qui accroîtront la valeur des milieux avancés, qui prépareront les milieux retardataires à mériter la confiance des capitaux. Il est sage, pour le moment, de s'en tenir aux quatre lignes énumérées : la ligne du plateau supérieur de la région centrale ou le chemin du Nord sera l'objet d'un examen spécial ; restent à examiner les lignes de Barcelone, d'Alicante, de Cadix.

Ligne de Madrid à Barcelone.

Cette ligne n'a pas été, l'objet d'une concession unique ; le chemin de Madrid à Saragosse, de 360 kilomètres, a été concédé à l'ancienne Compagnie du Grand-Central qui l'a rétrocédé à une compagnie de banquiers et de capitalistes ; le chemin de Barcelone à Saragosse, de 320 kilomètres, est concédé à une société de Barcelone.

Le chemin de Madrid à Saragosse se dirige parallèlement au Guadarrama jusqu'au massif du Moncayo, nœud de la sierra et de la cordillère ibérique ; en deçà de la cordillère, ou en Nouvelle-Castille, il traverse Alcala, Guadalaxara, Siguenza ; au delà, ou en Aragon, il traverse Calatayud et finit à Saragosse.

La section de Castille aborde la vallée du haut Tage ; c'est du Moncayo au massif plus oriental de la cordillère d'où sort ce fleuve que s'étend la partie de

la région centrale qui en accuse le renflement maximum. Cette zone, élevée au-dessus du niveau de la
mer de 12 à 1300 mètres, consiste en steppes semées
de touffes de chênes verts et de quelques champs de
céréales; telle est la nature du sol après Siguenza,
chef-lieu d'une station de pâturages d'été pour les
troupeaux de moutons voyageurs. Avant Siguenza,
les plaines de Guadalaxara et d'Alcala, dont le niveau inférieur se rapproche de celui de Madrid,
sont cultivées; elles dépendent du canton d'Alcarria
vanté pour sa fertilité, où l'olivier se montre, mais
fréquemment inculte et déboisé, médiocrement peuplé; il n'y a pas plus de 6,000 âmes à Alcala, vieille
cité universitaire sur les rives du Henarès et patrie de
l'auteur de *Don Quichotte;* il y en a moins de 15,000 à
Guadalaxara. C'est dans cette ville que le cardinal
Alberoni avait établi aux frais de la couronne des manufactures de draps et de toiles de Hollande, dont la
mauvaise gestion des officiers royaux amena la décadence; son district contient les mines argentifères de
Hiendelaencina, exploitées par 4 à 5,000 ouvriers, et
rendant 20,000 kilogrammes d'argent par année.

Cette section sera onéreuse, la section de la vallée

de l'Èbre sera rémunératrice ; jusqu'à ce que le chemin dans sa totalité devienne avantageux en remédiant à l'état de la contrée, il profitera de ses communications avec la Catalogne par le chemin de Saragosse à Barcelone, avec la Navarre, le pays basque et les frontières de France par deux embranchements du chemin du Nord aboutissant à Saragosse. C'est, au point de vue administratif, une ligne de première nécessité. Les terrassements sont faits sur 50 kilomètres entre Madrid et Guadalaxara.

Le chemin de Barcelone à Saragosse emprunte quelques kilomètres d'un rail-way de 29 kilomètres entre Barcelone et Granollers ; la station intermédiaire est Lerida ; 34 kilomètres seulement sont exploités du côté de Barcelone. Quel que soit le motif du peu d'avancement des travaux d'une société concessionnaire depuis 1852, le retard est fâcheux. Ce chemin bénéficiera de la réciprocité des échanges entre l'Aragon et la Catalogne, qui présentent de notables différences, quoique pareillement situés au revers de la même chaîne, l'un ayant sa face principale sur la mer, l'autre sur un fleuve.

A la base des Pyrénées, dont l'un des pics saillants,

le mont Perdu, s'aperçoit de Saragosse, l'Aragon comprend le cours moyen de l'Èbre. C'est la portion la plus unie et la plus ample de ce bassin qui s'élargit au nord-ouest vers Tudela, sur les frontières de la Navarre, par un écartement des montagnes ibériques, qui est resserré au sud-est, vers Mequinenza, par les ramifications des Pyrénées sur la rive gauche, par celles de la Cordillère sur la rive droite, frontières de la Catalogne et du Valence. Ce territoire est relativement déprimé. Sa hauteur varie de 250 à 100 mètres au-dessus du niveau de la mer, de sorte que, vu à vol d'oiseau, il se dessinerait, par rapport aux plateaux du Tage et du Douero, comme une suite de bas-fonds protégée de toutes parts. La température est une heureuse transition entre le climat septentrional et le climat méridional de l'Europe. La fécondité pourrait être doublée par des canaux d'irrigation dérivés de l'Èbre et de ses quarante-quatre affluents, dont quelques-uns sont considérables. Le Xalon, après s'être grossi du Xiloca, débouche entre Tudela et Saragosse avec un volume égal à celui de la Marne; près de Mequinenza, le Sègre, grossi de la Cinca, verse dans le fleuve une nappe d'eau comparable à la sienne. Le travail aidant, *ce sera une autre Lombardie.* Il y a de belles forêts sur les pentes pyrénéennes. Les vins sont spiritueux et colorés; le commerce de Paris, en janvier 1857, en a fait acheter cinq mille barriques au prix de 30 francs les cent quinze litres; quelques crûs sont excellents. Comme les vins, les céréales, le riz et le maïs fournissent un excédant à l'exportation; ainsi de tous les produits. Le lin et le chanvre sont de première qualité. La soie est estimée, les laines sont fines. Les pâturages nourrissent des moutons et du gros bétail. Les oliviers sont des arbres de haute futaie. On récolte du safran. Les fruits sont savoureux, il s'expédie à Madrid des abricots et des pêches.

Le sol a aussi ses richesses intérieures. Les gîtes métallifères sont rangés le long des Pyrénées et de la Cordillère. Il y a du fer, du cuivre, du plomb argentifère et du cobalt. Le cuivre est surtout exploité auprès de Huesca, le fer auprès du Moncayo. Il y a en outre une concentration de minerais de toute sorte dans ce massif oriental de la Cordillère, pendant du Moncayo, qui donne naissance au Tage, ressort en Nouvelle-Castille par les montagnes de Cuenca, et porte le nom des deux villes d'Albarracin et de Teruel; c'est ce massif qui, par les rameaux qu'il envoie vers Mequinenza à la rencontre des rameaux des Pyrénées, soutient l'inclinaison de la vallée de l'Èbre et borne le Valence. Cette circonscription renferme, à l'état d'exploitation, du fer, du cuivre, du plomb, du soufre, du mercure, de l'alun près d'Alcanitz, du lignite dont une certaine quantité se consomme sur place et près de Montalvan, un dépôt de combustibles, lignite parfait ou charbon de terre, employé dans les usines à acier du voisinage. D'après ces essais, d'après les essais plus anciens de Calatayud qui a été connu par la trempe de son acier, de Saragosse qui fabriquait des lames d'épée, l'avenir de l'Aragon est à la fois dans la culture et dans l'industrie métallurgique ; il confectionne quelques draps communs et ne cherchera pas à lutter contre la Catalogne. La population n'est pas proportionnée à l'étendue du pays ; elle ne serait, d'après les documents officiels, que de 883,238 âmes.

Entre tous les habitants de la Péninsule, les Aragonais sont les seuls à partager avec les Castillans la gloire de l'avoir délivrée des Maures et d'avoir fondé la nation moderne.

Comme le petit État d'Oviedo, dans les monts

Cantabres, fut l'origine du royaume de Castille, le petit État de Sobrarbe, dans une vallée des Pyrénées, fut le berceau du royaume qui se composa de l'Aragon, de la Catalogne, du Valence; la Navarre n'y fut annexée qu'au seizième siècle. La royauté y était limitée par l'assemblée des fondés de pouvoirs des *Ricos-hombres* ou de l'aristocratie et des Communes. Avant que l'Angleterre eût sa fameuse charte, l'Espagne avait les siennes. Les Aragonais se distinguèrent particulièrement par la jalousie de leurs libertés, le respect de la loi, une opiniâtreté proverbiale la gravité de la pensée, la sobriété du discours. C'étaient, comme on l'a ingénieusement dit, les *Doriens de l'Espagne*. Leurs progrès furent plus tardifs que ceux des Castillans; ce n'est pas le génie de l'expansion qui les caractérisait, et l'initiative de la royauté était entravée. La réunion des deux couronnes par le mariage de Ferdinand et d'Isabelle avait laissé subsister leurs priviléges, qu'ils étaient fiers de garder, tandis que la Castille s'était laissé ravir les siens; leur immixtion téméraire dans un drame de palais les leur fit perdre. Saragosse osa intervenir entre Philippe II et Antonio Perez; ce ministre intrigant et présomptueux, rival du roi auprès de la princesse d'Eboli, précédemment son complice dans le meurtre du secrétaire de Don Juan d'Autriche, s'était réclamé de la juridiction aragonaise contre la justice royale ; il parvint à s'évader ; tour à tour il se mit au service d'Élisabeth et de Henri IV ; il remplit l'Europe du bruit de ses aventures et des secrets de son maître ; Philippe II entra dans la cité rebelle, les priviléges furent abolis. L'Aragon essaya une dernière fois de défendre ses droits contre Philippe V et subit sans retour la loi commune de la monarchie.

La race des Valenciens et des Catalans est la même que celle des Aragonais. Primitivement, un dialecte plus semblable à ceux de la langue romane en France qu'à l'idiome des Castilles se parlait dans leurs trois provinces peuplées de Celtibériens comme le midi de nos Gaules ; l'espagnol n'a même complétement remplacé le vieux langage que dans l'Aragon. Malgré cette homogénéité de race, l'habitation des côtes, les relations du négoce, la fécondité luxuriante du sol, la douceur d'un ciel méridional prêtèrent aux Valenciens quelque chose de la facile Ionie. Apres et remuants, les Catalans chassèrent les Maures vers la fin du septième siècle, avec l'aide de princes français qui prirent le titre de comtes de Barcelone et dont la lignée acquit la couronne d'Aragon par un mariage. Sous cette couronne ou sous celle de Castille, ils défendirent leur indépendance contre le pouvoir central avec acharnement ; ce fut encore le chef de la maison de Bourbon, Philippe V, qui acheva l'œuvre de la maison d'Autriche ; il triompha de leur aveugle résistance à son avénement, prit leurs places d'assaut, les dépouilla de leurs *fucros*. Mais leur humeur, souvent turbulente au dedans, se signala au dehors par une suite d'entreprises hardies. Barcelone fut une sœur de Gênes et de Venise. Ses prospérités sont contemporaines des leurs ; son déclin est presque de la même date. Sujette de la couronne d'Aragon, il lui fut longtemps interdit de trafiquer en Amérique ; depuis l'émancipation des colonies, Cadix lui cède le rang de la première place commerciale du royaume. On ne saurait méconnaître la vaillance laborieuse de cette Catalogne habituée à n'espérer qu'en soi ; la population a doublé en soixante-dix ans : en 1788, de 814,872 âmes ; en 1858, de 1,645,845.

A partir du cap Creux, son littoral est graduellement

échancré par un golfe qui entame le littoral même du Valence et qu'on nomme le canal des îles Baléares. Sur ce territoire ainsi réduit, les ramifications des Pyrénées s'acheminent vers l'Èbre en formant une lisière maritime au centre de laquelle les cônes du Monserrat mesurent 1,235 mètres d'élévation ; les eaux se partagent entre le fleuve et la Méditerranée, où le Bezos et le Llobregat s'écoulent auprès de Barcelone. La température et les productions de l'intérieur sont les mêmes que celles de l'Aragon ; la plus fertile de ses plaines, le grenier de la province, la plaine d'Urgell, descend jusqu'à Lerida, le long du Sègre, qui baigne les murs de cette ville avant de se décharger, dans l'Èbre. Sur la côte, la température tolère le cactus et l'aloès, dont on fait des haies ; l'oranger fructifie en pleine terre. C'est ici que commence cette végétation méridionale qui borde trois côtés de la Péninsule et s'arrête en Galice à l'extrémité du côté septentrional. Il y a sur les hauteurs des bouquets de bois où le chêne-liége prédomine ; sur les coteaux, des vignobles dont les meilleurs sont à Girone et à Tarragone. Le vin et l'huile abondent. Mais quoique la culture soit en honneur autant que le permet un terrain montagneux, le riz et le blé sont insuffisants ; la laine, la soie, le lin et le chanvre sont au-dessous du besoin des manufactures. S'il y a peu d'usines métallurgiques, ce n'est pas faute de ressources minérales ; la plus singulière est une montagne de sel gemme à Cardona ; la plus précieuse est le gisement houiller de San-Juan de las Abadesas, sur le flanc des Pyrénées. Ce gisement, reconnu sur 25 kilomètres, est exploité sur 4 ; il doit être relié à Barcelone par le prolongement sur 110 kilomètres du rail-way de Granollers, qui est aussi la tête de la ligne de Saragosse.

Ce sont l'industrie manufacturière et le commerce qui font la prospérité de la Catalogne. Sur la ligne de Saragosse, Terrasa, Sabadell, Manresa emploient chacune près de 4,000 ouvriers à la confection des tissus. Au nord, Granollers et Mataro se livrent aux mêmes travaux ; au sud, près de Tarragone, la fabrication des soieries, des lainages, des cotonnades et des toiles occupe 3,000 ouvriers à Vals, 12,000 à Reuss, qui naguère n'était qu'un village et qui prime aujourd'hui l'antique Tarragone. A Barcelone, centre de tous ces satellites, les industries de la laine et de la soie se partagent plus de 10,000 ouvriers ; l'industrie cotonnière en compte plus de 30,000, et consomme annuellement de 18 à 20 millions de kilogrammes de coton brut. Nous passons sous silence sa fabrication de produits chimiques, de savons, de parfumerie, d'orfévrerie, d'ébénisterie, de papiers, etc. C'est le grand foyer industriel de l'Espagne et l'un des grands marchés de l'Europe. En 1855, la valeur de son trafic était de 276 millions ; le total des entrées et des sorties était de 542,313 tonneaux. Pourtant son port laisse à désirer comme tous ceux de la plage catalane, à l'exception de celui des Alfaques. Presque aussi peuplée que Madrid, environnée d'une campagne riante, cette cité a la fierté d'une capitale, et avant toute autre elle a voulu avoir son réseau de voies ferrées.

Il y a plus de treize ans, le premier chemin de fer espagnol, concédé en 1843, fut inauguré entre Barcelone et Mataro, puis poussé à Arenys de Mar sur le littoral ; il est de 36 kilomètres, et dessert quelques villages ornés de maisons de campagne. Sarria, autre village de plaisance, vient d'être réuni à la ville par un rail-way de 5 kilomètres. Un jour le chemin de Mataro, relié à un prolongement du chemin de Granollers, ira jusqu'à Perpignan, l'un des points d'attache de notre

réseau du Midi ; les rails se poseront sur cette voie,
l'une des deux voies séculaires entre la France et l'Espagne ; l'autre est dans la direction même du chemin
du Nord, d'Alsasua à Bayonne par la Bidassoa. En
attendant, Barcelone veut communiquer avec Valence.
De Barcelone à Tarragone, 27 kilomètres sont faits
jusqu'à Martorell ; de Tarragone à Valence, une ligne de
280 kilomètres suivra la côte le long de la route royale
et pourra s'approprier 16 kilomètres établis par une
compagnie française entre Tarragone et Reuss ; elle
est concédée, non encore commencée. Quoi qu'il arrive, Valence ne demeurera pas isolée ; elle sera reliée
à Madrid par un embranchement de la ligne d'Alicante, actuellement en construction. Tout calcul fait,
la province a exécuté 113 kilomètres de tronçons ; elle
s'est chargée, trop hardiment peut-être, d'en exécuter 280 de Tarragone à Valence, 110 de Granollers
au gisement houiller de San-Juan de las Abadesas ;
elle exécute, quoique avec lenteur, les 320 kilomètres
de la ligne de Saragosse, qui facilitera entre la haute
Catalogne et l'Aragon l'échange des denrées agricoles,
des matières premières, des objets manufacturés, des
importations étrangères ; un embranchement de Lerida

à Reuss par Montblanch mettra la basse Catalogne en relation avec Saragosse; Reuss a l'intention de pousser cet embranchement jusqu'à Mora sur l'Èbre, entre Mequinenza et Tortose, et l'Èbre se canalise.

Canalisation de l'Èbre.

Entre tous les grands fleuves de l'Espagne, c'est celui qu'il était le plus aisé d'approprier à la navigation; sa vallée moyenne est abaissée comparativement à celles du Tage et du Douero. Les Maures n'en tiraient parti que dans l'intérêt de l'agriculture et l'avaient même appauvri par de nombreuses saignées; il parut possible de le faire servir à deux fins, et de combiner l'arrosement des terres avec la viabilité. On voulut davantage. Sa source est à la racine de la cordillère dans les monts Cantabres, en arrière de Santander, son embouchure à peu près au milieu du golfe des Baléares; on se proposa de joindre la Méditerranée et l'Océan par ses eaux, qui font écharpe d'un côté de l'isthme péninsulaire à l'autre. Antonelli y rêva vers la fin du seizième siècle; au dix-huitième, le petit port de Deva, entre Bilbao et Saint-Sébastien, fut choisi pour la tête du canal qui ferait communiquer le golfe de Gascogne avec la vallée supérieure de l'Èbre. Il serait oiseux de rechercher si cette partie de son cours serait facilement canalisable; deux embranchements du chemin du Nord, convergeant vers la ville navarraise de Tudela, d'où ils arriveront à Saragosse par un tronc commun, s'ajusteront à la partie canalisée, et réaliseront la jonction dans des conditions meilleures de célérité et de débouchés.

Selon le plan adopté, plan qui remonte à Charles-Quint et que des modifications postérieures ont complété, un canal part de Tudela, en amont de Saragosse, au point d'élargissement de la vallée; il se prolonge en aval de Saragosse jusqu'au point où la vallée se rétrécit et n'admettrait pas une tranchée latérale, où le fleuve, accru par ses affluents, est praticable pour la navigation; le canal redevient nécessaire pour substituer à des bouches embarrassées de bancs de sable mobiles, notées par de fréquents sinistres, un passage libre et sûr, et il aboutit au port des Alfaques, formé par l'extrémité semi-circulaire de la rive gauche dans une sorte de delta. L'œuvre fut entreprise en 1528, suspendue,

reprise sous Philippe II en 1566, et interrompue jusqu'à Charles III. Sous ce prince, qui eut le double mérite de renouer les liens de la France et de l'Espagne
et de poursuivre la régénération de son royaume avec
vigueur, Pignatelli, citoyen et chanoine de Saragosse,
secondé par le comte d'Aranda, Aragonais comme
lui, réussit à faire reprendre cet autre canal des
deux mers, dont il fut le Riquet par la grandeur des
vues et du caractère. C'est alors que *le canal impérial,* qui avait déjà 48 kilomètres de longueur, fut
reconstruit d'après de plus larges dimensions, mis
en état de porter des barques de 100 tonneaux, et
amené jusqu'au delà de Saragosse. La totalité de
son étendue actuelle est de 94 kilomètres. Un petit
canal qu'on devait élargir fut creusé du bourg d'Am-
posta, au-dessus de l'embouchure, aux Alfaques, et
sur ce port s'élevèrent les premiers édifices de la ville
de San-Carlos, projetée dans des proportions monu-
mentales dignes de celles du canal ; puis, tout fut de-
rechef délaissé. Enfin, après des études définitives
d'ingénieurs français et une concession définitivement
faite en 1851 à une Compagnie française, l'œuvre se
continue sous la direction de M. Carvalho, ingénieur

distingué des ponts et chaussées de France, avec le concours du Crédit mobilier français.

La Société, constituée au capital effectif de 25,200,000 francs, a la garantie d'un minimum d'intérêt de 6 pour 100 sur un capital nominal de 33,579,000 francs, pendant trente ans à courir de l'achèvement des travaux. Le privilége de la navigation lui est accordé pour quatre-vingt-dix-neuf ans, ainsi que le droit de répartir les eaux entre les terrains irrigables, dont la superficie équivaut à 70,000 hectares ; la concession des chutes d'eau lui est faite à perpétuité. La voie fluviale, des Alfaques à Saragosse, aura 371 kilomètres, vingt-cinq écluses, et un remorquage à la vapeur.

La navigation a été ouverte de la mer à l'écluse de Cherta, au-dessus de Tortose, en juillet 1857 ; en décembre, elle s'est étendue jusqu'à Mequinenza, moitié du parcours ; en mars 1858, le service a été établi sur 224 kilomètres. Tout promet des bénéfices certains à l'Èbre canalisé, qui sera alimenté depuis Tudela par les produits de ses deux rives et de ses deux principaux affluents, le Xalon et le Sègre ; il disputera au chemin de Barcelone le transport des matières encombrantes que les caboteurs des Alfaques distribueront à bas prix sur les côtes catalanes et valenciennes, et ce n'est pas tout. Les Alfaques sont l'un des meilleurs ports de la Méditerranée ; les avantages naturels en avaient été signalés à Henri IV, lors de ses guerres avec Philippe II, dans un mémoire qui l'invitait à s'en emparer. Bientôt, selon toute vraisemblance, l'Aragon, le Valence et la Catalogne y fonderont des comptoirs, et donneront une héritière à la ville mort-née de San-Carlos. Combien de créations ne surgiront-elles pas dans cette Espagne en train de se renouveler !

Saragosse, encore recluse dans une plaine fertilisée par son fleuve et par ses deux rivières de la Cuerva et du Gallego, aura donc son port sur la Méditerranée ; par ses voies ferrées, à 40 kilomètres l'heure, elle sera à huit heures de Barcelone, à six ou sept heures de Reuss et de Tarragone, et elle sera reliée à l'océan cantabrique par les embranchements du chemin du Nord, qui la feront communiquer avec Vittoria, Bilbao, Pampelune, Saint-Sébastien. Ce sera sur l'Èbre le nœud de la jonction des deux mers. Tous ces moyens d'action nouveaux seront mis en jeu par une intelligente et forte volonté. Dès le siècle dernier, sous l'influence de la *Société économique,* qui reprit imperturbablement ses délibérations après le siége héroïque de 1809, cette cité s'appliqua à raviver la culture de la province. Des terres furent défrichées ; un million de pieds d'arbres furent plantés sur les bords du canal Impérial ; les irrigations en furent mises à profit, les chutes en furent utilisées. Que ne fera-t-elle pas aujourd'hui pour stimuler la transformation de l'Aragon desservi par les ports de la Catalogne, ceux du pays basque, et les frontières françaises sur la Bidassoa ? Le chemin du Nord, la canalisation de l'Èbre, le chemin de Barcelone feront la fortune du pays et de Saragosse, qui, avant vingt années, au lieu de 63,000 habitants, en aura 100,000. Ajoutons qu'elle ne sera plus qu'à neuf heures de la capitale.

Ligne de Madrid à Alicante.

Cette ligne de 453 kilomètres est la voie la plus courte de Madrid à la Méditerranée, et, quand la ligne du Nord sera terminée, Madrid sera le nœud d'une autre jonction des deux mers. La concession en est faite à la Compagnie du chemin de Madrid à Saragosse, les deux chemins ont une gare commune.

A 51 kilomètres dans le sud-est de Madrid, la ligne passe le Tage, qui descend du revers castillan du massif aragonais de Téruel et d'Albarracin, et arrose les jardins d'Aranjuez, habitation royale dont les alentours sont ombragés et couverts des maisons de campagne des Madrilènes riches ; elle franchit presque aussitôt une rangée de collines, et entre dans le bassin de la Guadiana ou dans la Manche. A partir d'Ocaña, gros bourg de cette subdivision de la Nouvelle-Castille, se déroulent sur près de 180 kilomètres des plaines sèches, où apparaissent de loin en loin des habitations, des champs de blé ou de seigle, des moulins à vent illustrés par Cervantès, et qui se terminent à une autre rangée d'éminences, frontière de la Murcie. La ligne y traverse Albacète, renommée en Espagne, comme Châtellerault en France, par sa coutellerie, peuplée de 20,000 âmes ; Almanza, peuplée de 6 à 7,000 âmes, et le champ de bataille où Philippe V remporta en 1707 une bataille décisive. Sur ce trajet de 80 kilomètres, à l'exception de la plaine d'Albacète et d'un bois de chênes verts voisin d'Almanza, le pays est accidenté, presque entièrement nu et inculte. Alicante fait partie du Valence; elle a de 20 à 25,000 habitants. Sa rade a peu de fond, mais elle est sûre et spacieuse. Son trafic maritime, en 1855, a été de 16,089,000 fr. Elle fournit annuellement de 8 à 15,000 tonnes de raisins secs à l'Angleterre; elle a fourni à la France, lors des ravages de l'oïdium, la portion de ses vins qui se consomme sur les lieux ou se convertit en esprits; quelques crus seulement produisent les vins délicats qui portent son nom. Sa fabrication de cigares emploie de 2 à 3,000 ouvrières.

Depuis le 15 novembre 1857, la ligne, précédemment exploitée sur 276 kilomètres jusqu'à Albacète, l'a été jusqu'à Almanza; depuis le mois de mars 1858, elle est ouverte jusqu'à Alicante; le service du transport des marchandises y est organisé depuis le 15 avril de cette année. Toute la ligne vient d'être solennellement inaugurée par la reine.

Rien ne manque à ce chemin pour être fort bon, que d'avoir été solidement établi par les entrepreneurs auxquels la société actuelle a succédé; il attirera les voyageurs du littoral et de l'étranger à la faveur des bateaux à vapeur desservant les côtes; il transmettra à la capitale et à la Nouvelle-Castille les importations de la Méditerranée, les denrées de la Murcie et du Valence, et, en aidant à l'écoulement des produits, il suscitera l'essor de la production; la chose est urgente.

Tandis que plusieurs points du littoral se sont développés par le contact extérieur, le centre a langui dans l'isolement; forte aux extrémités, la vitalité décroît à mesure qu'on approche des parties internes. L'absence des chemins est une cause, tant s'en faut qu'elle soit la seule. De la Murcie au Guadarrama, les vallées de la Guadiana et du Tage simulent deux terrasses superposées l'une à l'autre, et si l'on se rappelle ce qui a été observé sur une portion du parcours de la ligne de Madrid à Saragosse, sur l'exhaussement du niveau à 12 ou 1300 mètres entre le massif du Moncayo et le massif d'Albarracin et de Téruel, on comprendra que, pour prévenir les conséquences de cette élévation, il eût été indispensable d'entretenir les forêts qui couronnaient autrefois ces sommités et d'aménager les eaux. L'imprévoyance des déboisements, les calamités publiques, la diminution des bras, l'appauvrissement général, l'enva-

hissement des champs par les moutons nomades,
l'incurie, tout a amené la détérioration de ce plateau
inférieur de la région centrale. Les montagnes sont
pelées, les plaines dénudées, les lits des rivières ravi-
nés; le soleil dessèche le sol et le réduit en poudre,
le vent le balaie ; de vastes surfaces, où l'œil cherche
vainement un arbuste, sont du domaine de l'aridité, et
ces lacunes ont gagné jusqu'aux alentours de Madrid,
que l'on compare invariablement à une oasis. La banlieue de cette cité moderne, semée de rares villages
et dépouillée d'arbres, est l'image du désert qui se
fait aux environs des ruines antiques, et le spectacle
de la maladie d'une portion du royaume enveloppe la
capitale. La Manche est à peu près l'équivalent de notre
Champagne pouilleuse ; elle produit un peu de grains,
de soie, d'huile, mais beaucoup de vins rouges de bonne
qualité, dont il s'expédie par an 100,000 hectolitres
à Madrid. Si la Nouvelle-Castille proprement dite est
moins disgraciée, sa population ne répond pas à sa superficie ; elle est seulement de 1,615,065 âmes, dont
278,000 pour la Manche. L'industrie lainière se borne
à peu de fabriques. Sauf l'exploitation de la mine de
mercure d'Almaden, sur les confins de la Manche et

de l'Estremadure, et les usines de Cuenca, l'industrie des métaux est insignifiante. La culture ne répond pas davantage à sa fertilité. Pourtant la vallée moyenne du Tage est propice aux céréales, à la vigne, au mûrier, à l'olivier, au lin, au chanvre, à la garance, etc., et elle rivalisera avec la vallée de l'Èbre. La ligne d'Alicante concourra avec celle de Saragosse à la régénération de ce plateau.

Un embranchement de 25 kilomètres sur Tolède, partant du village de Castillejo près d'Aranjuez, a été concédé à la Compagnie d'Alicante ; les travaux sont terminés, et la voie est ouverte à la circulation.

Tolède, sur le penchant de sa montagne de granit baignée par le Tage, avec ses rues étroites et tortueuses, et sa multiplicité de clochers gothiques, semble une cité du moyen âge encore intacte ; c'est une noble relique chrétienne, à laquelle l'Alcazar et deux ponts ajoutent un souvenir de la domination arabe. Sa position en faisait une forteresse des vieux temps plutôt qu'une capitale des temps modernes ; sa roche est escarpée, une ville nouvelle n'aurait pas trouvé à s'installer commodément dans sa vallée étroite, et son horizon est attristé par les montagnes décharnées de la sierra qui sépare le bassin de la Guadiana du bassin de son fleuve. Il n'est pas à regretter qu'elle ait été abandonnée pour Madrid. Mais cette citadelle, sur le cours moyen du Tage, convenait aux Goths pour l'assujettissement du pays, le séjour de leurs rois, et la tenue de leurs assemblées nationales connues sous le nom de *Conciles*. Prise par les Maures, reprise par les Castillans en 1085, à l'époque de la ruine du califat de Cordoue, elle fut ensuite une bonne position contre les irruptions des Almoravides et des Almohades, et pour l'achèvement de la conquête.

Tolède, entre Séville et Burgos, marqua le progrès des armes de la Vieille-Castille, une évolution de son génie. C'est ici que se décida la grandeur de cette couronne qu'une dynastie française, issue de la maison de Navarre, avait créée sur le plateau supérieur de la région centrale, ainsi que nous le verrons en étudiant le chemin du Nord, et qu'elle rendit maîtresse de la région méridionale. L'émulation d'un tel exemple encouragea l'Aragon à déposséder les musulmans de Saragosse et à constituer son royaume. Les Maures ne pouvaient plus que retarder leur défaite, l'Aragon faire attendre son hommage. L'une des plus belles cathédrales de la chrétienté s'éleva sur les ruines de la mosquée dont les fondations de l'antique église des Goths avaient été surmontées. L'idiome des Castilles acheva de se fixer et de se polir dans cette résidence royale. On sait quelle fut la célébrité de ses manufactures de tissus et de sa fabrique de lames. Mais les nations ne passent quelquefois d'un âge à un autre qu'en changeant de capitale, et, après la réunion de toutes les parties du territoire, son rôle militant finit. Tolède ne fut plus qu'une capitale sacerdotale ; Madrid devint la capitale politique de la monarchie, l'Escurial fut le siége de la théocratie ambitionnant l'empire du monde. Il n'y reste plus que 20,000 habitants. Ses fabriques ont dépéri. Cette ville redeviendra populeuse en redevenant manufacturière, pourvu qu'elle imite les vieilles cités qui se rendent habitables afin d'être habitées.

Un autre embranchement, peu fructueux aujourd'hui et non concédé, serait celui de Cuenca ; il se dirigerait d'Aranjuez vers les montagnes de Cuenca, qui sont en Nouvelle-Castille le contre-fort du massif d'Albarracin et de Téruel, le principe des deux rangées d'éminences franchies par la ligne d'Alicante. Les pâturages de ces montagnes élevées, comme ceux de Siguenza, sont l'une des stations d'été des troupeaux de moutons voyageurs. Au seizième siècle, la ville de Cuenca, peuplée de 6 à 7,000 âmes, mettait plus de 3 millions de kilogrammes de laine au lavoir. Il y a dans ce district des forges employant le minerai local ou celui d'Ojos-Negros près d'Albarracin; durant la guerre de l'indépendance, des manufactures d'armes s'y étaient établies à Beteta, à Cobeta, à Paralejos. On y exploite une mine de sel gemme et un gîte houiller auquel sa proximité de Madrid donne du prix.

Embranchement de Valence.

Nous l'avons dit, Valence a un embranchement qui la met à peu près à la même distance de la capitale qu'Alicante. Cet embranchement, d'une longueur de 131 kilomètres, se détache d'Almanza, traverse San-Felipe de Xativa, et se termine à une lieue au delà de Valence, sur la plage, au *Grao;* il est livré en partie à la circulation. La concession en a été faite avec subvention à une compagnie particulière.

Le Valence continue la Catalogne du nord au sud et complète l'Aragon de l'ouest à l'est ; son territoire, étroit et allongé, est compris entre la courbure du golfe des Baléares et la ligne de montagnes que le massif de Téruel et d'Albarracin projette en deux sens opposés vers l'Èbre et la Murcie. Les rameaux de cette chaîne le découpent en une suite de vallées dont les principaux cours d'eau, la Millarès, le Guadalaviar, le Xucar, sont des fleuves ; chacune de ces vallées reproduit en petit la disposition de la vallée de l'Èbre, et leur ensemble forme un amphithéâtre elliptique incliné vers la Méditerranée, qui lui renvoie comme un miroir les rayons ardents du sud-est, protégé de loin par les Pyrénées, abrité de près par des remparts d'une élévation moyenne de 1,000 mètres, jouissant d'une exposition privilégiée. Sur la pente de ces hauteurs escarpées, âpre clôture d'un Éden, des oliviers, des figuiers et des vignes s'enracinent dans un sol fréquemment soutenu par des murs ; à la base de l'amphithéâtre, dans les plaines bordées par la mer, les terres d'alluvion, avec l'eau et le soleil, deviennent des jardins ; elles en ont reçu le nom, ce sont des *huertas ;* l'enthousiasme des Maures les surnommait un paradis terrestre ; les chrétiens disent : *hier du blé, aujourd'hui du riz, c'est la terre de Dieu.* On cite les *huertas* de Vinaroz, de Bénicarlo, de Murviedro ou de Sagonte, de Liria, de Gandia, d'Orihuela, d'Alicante ; la plus célèbre est celle de Valence, où les villages se touchent, tant ils sont nombreux !

Dans un rayon de quatre lieues s'étend une plaine que le Guadalaviar abreuve avant de traverser la ville ; en été, pas une goutte d'eau ne passe sous ces cinq ponts pour aller se perdre à la mer ; il se distribue tout entier dans le dédale des canaux d'arrosage. Nulle part les ingénieux procédés de l'irrigation arabe n'ont été mieux conservés, les paysans semblent eux-mêmes les descendants de la race proscrite. C'est un verger immense dont la vue, les émanations, les aromes vous pénètrent par tous les pores, et la pensée, envahie par ces inépuisables profusions de la nature, a peine à se défendre d'une sorte de quiétude contemplative. Les facultés productives du sol sont surexcitées par l'énergie des engrais, du guano même dont l'importation augmente. Blé, riz, huile, chanvre, soie, cochenille, melons, patates, citrons, oranges, figues, grenades, etc., tout y abonde. Les mûriers donnent trois récoltes de feuilles, les prairies de trèfle et de luzerne sont fauchées huit ou dix fois par an. La datte, qui ne mûrit pas à Alger, y acquiert sa maturité. On trouve encore ailleurs des forêts de palmiers, notamment près de la ville d'Elché, qui fournit l'Espagne et l'Italie de palmes pour la célébration du dimanche des rameaux. C'est une terre tout à la fois orientale, chrétienne, associée au progrès moderne. Les manufactures de soieries, l'élégance des édifices, le goût du luxe, des arts et des fêtes, assortissent la physionomie de Valence à sa *huerta* toujours verte et féconde, à son ciel d'une sérénité incomparable. La cité a 120,000 habitants sur lesquels on compte 25 à 30,000 ouvriers; la province en a près de 1,300,000.

Agricole comme l'Aragon, le Valence a une spécialité mieux marquée de cultures industrielles, sans avoir assez de bestiaux et de blés; manufacturier comme la Catalogne, il confectionne moins de cotonnades et de toiles que de soieries et de draps, sans avoir assez de laines; son industrie métallurgique est presque nulle, quoiqu'il y ait, près de Castillon de la Plana, du cuivre, du plomb, de la calamine, et près d'Alcoy un gisement de lignite, dont les fabriques de draps et une trentaine de fabriques de papier de cette ville usent annuellement 2 à 3,000 tonnes. La solidarité des trois provinces sera donc utilement fortifiée par le chemin de fer de Valence à Tarragone; chemin qui sera rattaché aux Alfaques, croisera l'Èbre à Tortose, se raccordera à Reuss avec l'embranchement de Lerida, et sera prolongé par Martorell jusqu'à Barcelone. Tant que ce chemin ne sera point fait, par l'embranchement de la ligne d'Alicante, Valence pourra tirer de la Nouvelle-Castille des céréales, des laines, et elle expédiera à Madrid ou dans l'intérieur ses produits manufacturés, ses sparteries, ses soudes, ses fruits, ses primeurs, le sel de son lac d'Albuféra, et les importations de la Méditerranée. Rien ne lui manque que ce qui manque à tout le littoral de la province, un port. Le *Grao,* embelli par des bains et de nombreuses maisons de campagne, est une plage sans abri, n'ayant de fond qu'à 2 kilomètres en mer, améliorée par des travaux récents. Son commerce maritime en 1855 est représenté par un mouvement de 315,117 tonneaux, par une valeur de 26,263,000 francs. La même année, trois autres petits ports, Benicarlo,

Denia et Torrevieja, ont exporté ensemble pour 7,751,000 francs.

Cette province subit les vicissitudes de la domination des Maures, qui y avaient établi l'une de leurs colonies les plus populeuses; elle resta en leur pouvoir jusqu'à ce que l'Aragon, qui depuis un siècle était fortifié par la réunion de la Catalogne et gouverné par une maison française, en fit la conquête. Ce fut en 1236, vers le temps même où la Castille s'emparait de Cordoue, de Séville, et soumettait la Murcie. Ses priviléges, comme ceux de l'Aragon et de la Catalogne, furent supprimés par Philippe V, dont elle combattit aussi l'avénement. Habituées à se considérer comme un État séparé, les provinces de la couronne d'Aragon avaient affronté la maison d'Autriche pour le maintien de leur indépendance; elles firent un marché avec le prétendant de cette maison pour la restauration de leurs libertés, plutôt que de reconnaître une dynastie nouvelle, forte de ses relations avec la France et du dévouement de la Castille.

La Murcie profitera à la fois de la ligne d'Alicante et de l'embranchement de Valence; pourtant elle réclame un embranchement, qui d'Albacète passerait par la ville de Murcie, son chef-lieu, et aboutirait à Carthagène; ce port serait à 500 kilomètres de Madrid, soit 47 kilomètres de plus qu'Alicante.

Le territoire de la Murcie, traversé par les rameaux de la cordillère ibérique, est montagneux; c'est l'un des supports des terrasses du plateau inférieur, et il prend pied dans la Méditerranée par une sorte de large promontoire compris entre le cap Saint-Antoine et le cap Palos. La contrée du nord-ouest, d'Albacète à Almanza, est assez élevée au-dessus du niveau de la mer, généralement sèche et pierreuse; la contrée du sud-est, celle qui sera desservie par l'embranchement demandé, est fertile dans le bassin de la Segura. On y voit aussi des *huertas*; la plus remarquable est celle que ce fleuve baigne autour de Murcie; elle produit la soie la plus recherchée de l'Espagne. Les oliviers y sont d'une belle venue. Les vins sont de la même qualité que ceux du terroir d'Alicante. Il y a sur les flancs de la sierra qui encaisse la Segura et en tire son nom des forêts considérables à peine entamées, dont les bois sont propres aux constructions de la marine. Les gîtes métallifères sont nombreux. On exploite de la calamine à San-Juan de Alcaraz près d'Albacète; il y a du plomb et du cuivre près de Murcie, du soufre près de Lorca, de l'alun à Almazaron, du fer, du cuivre, du plomb autour de Carthagène. Cette ville compte trois usines de fonte de fer, encore peu considérables, qui fournissent l'outillage des établissements industriels du pays; et, soit dans ses murs, soit dans son ressort, soixante-sept fonderies de plomb employant deux mille ouvriers, trois machines à vapeur, et cinq mille mules ou ânes pour le manége des ventilateurs; leur produit annuel est d'environ 20,000 tonnes; il s'en est exporté 16,402 en 1855. D'ailleurs Carthagène est l'un des beaux ports de l'Europe, le port militaire du royaume sur la Méditerranée, et il s'y crée une place commerciale. En treize ans, de 1842 à 1855, le total des importations et des exportations s'est accru de 4 à 20 millions.

On donne 30,000 habitants à cette cité, 581,896 à la Murcie, qui, à peine reprise sur les Maures, se peupla de Catalans, d'Aragonais, de Français même, comme le Valence, mais surtout de Castillans, dont la langue prévalut; longtemps dénoncée pour son inertie exceptionnelle, elle se réhabilite.

Ligne de Madrid à Cadix.

Les deux lignes de Barcelone et d'Alicante mettent la capitale en communication avec plusieurs points de la Méditerranée; la troisième ligne, qui la mettra en communication encore avec la Méditerranée et d'abord avec l'Océan méridional, ne se compose jusqu'à présent que de quelques sections concédées à partir de Cadix; entre ces sections et Madrid, le tracé ne semble ni arrêté ni concédé; il ne s'exécute pas.

Cadix est bâti sur une langue de terre formant l'un des côtés d'une baie qui s'ouvre à l'ouest du détroit de Gibraltar, à l'extrémité de l'île de Léon, qu'un petit bras de mer sépare de la terre ferme; l'île est le siége des établissements de la marine de l'État constituant la ville de San-Fernando; le contour de la baie est occupé par Porto-Réal et Sainte-Marie, succursales de Cadix. Ce n'était pas assez pour ces villes d'être en relation par des bateaux à vapeur; un chemin de 31 kilomètres partira de Sainte-Marie, traversera Porto-Réal et les salines environnantes, passera à San-Fernando, à quelque distance de l'observatoire, l'un des plus beaux de l'Europe, et finira à Cadix.

Entre Sainte-Marie et Xérès un rail-way de 27 kilomètres a été construit par une compagnie locale. Auparavant, les vins de Xérès étaient transportés par le Guadalète, qui se rapproche de cette ville et achève son cours près de Sainte-Marie. On sait que la possession de l'Espagne fut le prix de la victoire remportée par les Arabes sur les Goths, en 711, dans la plaine voisine de ces vignobles.

De Xérès le rail-way se prolonge par Utrera jusqu'à Séville, avec un embranchement sur Moron ; comme Xérès est la ville des vignerons, a-t-on dit, Utrera est la ville des laboureurs ; là le vin, ici le pain ; l'intervalle de ces deux villes est moins cultivé, presque désert, quoique propre à la culture. Les terrassements sont faits sur 63 kilomètres, le chemin en aura 104, et devra soutenir la concurrence des *steamers* du Guadalquivir entre Cadix et Séville ; deux chanoines de cette cité furent, il y a plus de trente ans, les promoteurs de cette navigation à vapeur, par émulation peut-être du patriotisme de l'illustre chanoine de Saragosse.

Séville, doublement reliée à la baie de Cadix, le sera à Cordoue par un chemin de fer de 130 kilomè-

tres, concédé à la société générale du Crédit mobilier
espagnol. Une compagnie est constituée au capital de
18 millions de francs. Les deux provinces de Séville
et de Cordoue se sont obligées à lui payer une subvention de 625,000 francs pendant vingt années. Cette
annuité représente près de 3 et demi pour 100 du capital. Séville a 100,000 habitants, Cordoue en a 40,000;
les diligences n'en franchissent la distance qu'en
vingt-deux heures; le fleuve n'est pas navigable entre
les deux cités, et le chemin dessert sur la rive gauche
la partie moyenne de la vallée, c'est-à-dire la plus
peuplée et la mieux mise en valeur. Que ne résul-
tera-t-il pas de la juxtaposition d'une voie ferrée,
instrument de transport, et d'un fleuve, instrument
de fertilisation, ayant à un bout Séville pour débouché, à l'autre Cordoue pour entrepôt des denrées
agricoles et des minerais de la vallée supérieure,
lorsque avec tout cela, vers la moitié du parcours,
le Xénil, principal affluent du Guadalquivir, appor-
tera le tribut de ses plaines! Et que ne serait-il pas
permis d'augurer si Séville redevenait un port fré-
quenté! Ses habitants sont impatients de voir la
drague fonctionner dans leurs eaux; ils se rappel-

lent avoir été en possession du monopole commercial de l'Amérique, dont Cadix les dépouilla, soit parce que sa baie est sur l'Océan même, soit parce que Séville ne pouvait plus recevoir les galions, dont les proportions avaient augmenté. Chaque chose viendra en son temps; pour le moment le chemin s'exécute. Deux locomotives, sur quatorze qui sont commandées, quatre-vingts wagons, des rails pour 40 kilomètres, cinquante mille traverses ont été livrés l'an dernier; les travaux sont poussés avec une grande activité sous la direction de M. Lionnet, ingénieur des ponts et chaussées de France, et bientôt la circulation sera ouverte jusqu'à Lora. Ce chemin sera l'un des meilleurs de l'Espagne, avant même que Cordoue soit réunie à Madrid.

La ligne de Madrid à Cordoue doit emprunter sur 160 kilomètres environ la ligne d'Alicante jusqu'à Villarobledo, bourg de la Manche, et franchir la sierra Morena pour accompagner le Guadalquivir jusqu'à Andujar et Cordoue sur une autre longueur de 300 kilomètres, soit 460 kilomètres en tout. Tel est le tracé proposé. Le parcours ne serait que de 350 kilomètres au plus, si le tracé empruntait à la ligne d'Alicante la section d'Aranjuez seulement, franchissait la sierra Morena au-dessus de Ciudad-Réal, chef-lieu de la Manche, et arrivait à Andujar après avoir côtoyé les colonies fondées près de Baylen sous Charles III. Une réduction de 110 kilomètres recommande ce second tracé, dans l'intérêt bien entendu de Madrid et de l'Andalousie, que nous allons considérer sous ses aspects divers.

Comme la Murcie, l'Andalousie est le support des vallées de la Guadiana et du Tage; la sierra Morena et la sierra Nevada sont deux larges assises, reliées par des sierras transversales, dans lesquelles la proximité du confluent de la Méditerranée et de l'Océan nécessitait un redoublement de solidité. Si l'élévation moyenne de la sierra Morena au-dessus du niveau de la mer n'est pas plus de 6 à 700 mètres, celle de la sierra Nevada est de 2 à 3,000 mètres, depuis le massif de Grenade jusqu'au massif de Ronda, dont le rocher de Gibraltar est un dernier gradin. Le pic de San-Christoval se voit de la tour de Séville et se distingue de Ceuta; le Mulhacen, haut de 3,558 mètres, dépasse le pic aragonais du mont Perdu, égale presque le pic de Ténériffe.

9

C'est par cette province que l'Espagne touche à l'Afrique septentrionale, qu'elle reçut des émigrations de toutes les populations musulmanes comprises entre le golfe Persique et l'océan Atlantique, et fut rattachée au monde de l'islamisme. La guerre des Ommiades et des Abassides y fut transportée, le califat de Damas fut restauré à Cordoue, l'épanouissement hâtif et brillant des arts, des sciences, de la prospérité matérielle qui suivit partout la domination arabe caractérisa ce nouvel empire. Mais si la loi du Prophète est une arme puissante pour la conquête, elle est une base ruineuse pour la fondation ; il ne lui a pas appartenu de modifier l'insociabilité des tribus et de les élever à l'état de nation, de tempérer le despotisme de la force et de l'élever à l'état de gouvernement. Dès le onzième siècle, tous les trônes arabes, de Bagdad à Maroc, s'écroulaient sous les Turcs, les Mongols et les Berbers ; le califat de Cordoue se démembra, et les Almoravides, maîtres du nord-ouest de l'Afrique, en rassemblèrent les débris dans une agglomération bientôt renversée par d'autres Berbers, les Almohades, et remplacée par leur empire éphémère. Une telle anarchie favorisa les entreprises des principautés chrétiennes de Tolède et de Saragosse. Le royaume maure de Grenade, refuge de ce pêle-mêle de tribus vaincues, périt par les mêmes divisions et sous les mêmes coups; l'Espagne fut fermée aux invasions africaines à tout jamais.

Le territoire, au point de vue agricole, se compose de la vallée du Guadalquivir, correspondante à la sierra-Morena; de la vallée du Xénil, correspondante à la sierra Nevada; de la côte au revers de cette chaîne. C'est dans la vallée du Xénil, autour de Grenade, que la température est le plus modérée; elle est chaude dans les vallées moyenne et inférieure du Guadalquivir; sur la côte, d'Almeria à Motril, de Motril à Malaga, de Malaga à Marbella, règne une sorte de climat tropical; les eaux qui vont de la montagne à la Méditerranée permettent l'arrosage, et le littoral des Alpuxarres n'a rien à envier au littoral du Valence. La canne à sucre y est cultivée. Les Maures y avaient des raffineries, aujourd'hui on y fait surtout du rhum. Soit à cette exposition, soit dans le bassin du Guadalquivir, près de la ville d'Ecija, le coton réussit très-bien; avant les plantations d'Amérique, le coton d'Espagne entrait avec le coton de Macédoine dans la fabrication européenne. Entre la rive gauche du Guadalquivir et Cadix, les crus célèbres de San-Lucar, de Rota et de Xérès donnent de 5 à 600,000 hectolitres de vin par an ; les crus de Malaga, de 150 à 200,000 hectolitres. En quelques endroits les oliviers forment forêt ; ils rendent annuellement plus de 40 millions de kilogrammes d'huile. Faut-il mentionner la soie, le lin, le chanvre, et tous les fruits connus, raisins, figues, grenades, amandes, oranges, cédrats, bananes, dattes, ananas même ? Telle est l'abondance des oranges près de Cordoue que longtemps, à l'arrière-saison, on en étalait des charretées sur les champs comme engrais. Il y a de loin en loin quelques bois, notamment de chênes-liéges. Les pâturages suffisent à l'élève du gros bétail, des moutons et des chevaux. Tous les ans, à la foire de Mairena, près de Séville, on amène de 5 à 6,000 chevaux ou poulains dont on vante la généalogie arabe, et une centaine de milliers de bêtes ovines. Les laines sont belles, il s'en exporte. En outre, par ses moissons, que le vent d'Afrique compromet quelquefois, l'Andalousie a mérité le surnom de grenier de l'Espagne. Séville es l'entrepôt de ces grains et d'une partie de ceux de l'Estremadure, dont la route passe par le col de Monasterio dans la sierra Morena.

L'une des deux zones minéralogiques de la province est entre la sierra Morena et le Guadalquivir, l'autre entre la sierra Nevada et la mer. On a déjà dû se convaincre que l'Espagne a une abondance particulière de métaux; avant qu'elle exploitât l'Amérique, elle avait elle-même été exploitée par les peuples anciens comme une sorte de nouveau monde entre la Méditerranée et l'Océan.

A 60 kilomètres au nord de Séville, près de la sierra Morena, existent au village d'El-Pedroso du minerai de fer et des usines considérables qui alimentent les ateliers de cette ville. Sur la côte, au pied de la sierra Nevada, existe aussi du fer que l'on traite à Marbella et à Malaga. De Malaga à Almeria, sur trois à quatre mille points, du minerai de plomb s'extrait depuis 1826; l'extraction d'un minerai de même nature a lieu depuis plus de cent ans dans la sierra Moreña, près de Linarès; une mine de ce district a été concédée en 1850 à une société anglaise. On estime que, sur les 160,000 tonnes de plomb produites par le monde entier, la production espagnole est du quart. Le cuivre se rencontre au nord de Cordoue; mais c'est par masses qu'il se trouve, de la sierra Morena à l'Océan, dans l'arrondissement du port de Huelva, où débouchent deux cours d'eau navigables pour des barques, le rio Tinto et l'Odiel. Ici le minerai est riche, là il est pauvre; n'importe; telles sont l'étendue et la puissance des filons, que c'est exactement une *Californie du cuivre*. L'exploitation date au moins des Romains et fut continuée par les Maures; interdite au profit des mines similaires de l'Amérique, elle fut reprise en 1762 et se poursuit pour le compte de l'État sur le rio Tinto. Sur l'Odiel, à San-Telmo, à Poyatos, à Assoyo-Molinos, à Calañas et à Tharsis, le droit d'exploitation est concédé à une compagnie française au capital de 3 millions, dans laquelle la société du Crédit mobilier espagnol est intervenue comme actionnaire. Une partie du cuivre serait mise commodément à la disposition de l'intérieur par un chemin de fer de Huelva à Séville, où il y a treize ateliers de fabrication de ce métal. Enfin la zone de la sierra Morena a du charbon de terre.

Au nord-ouest de Cordoue, à Espiel y Belmez, un

gisement houiller a été reconnu sur 40 kilomètres de long et 2 de large ; enfermé à une assez grande hauteur derrière des croupes de la montagne , il ne serait abordable par une voie ferrée que moyennant des travaux dispendieux , et ce sera pour longtemps encore une richesse en réserve, dont il ne sera tiré parti que par le transport à dos de mulet. D'après le projet étudié , un chemin de fer joindrait Cordoue à Espiel y Belmez par un trajet de 111 kilomètres ; il serait prolongé sur 54 kilomètres jusqu'à la mine d'Almaden, dont les produits s'exportent par Séville. Dans le nord-est de cette ville , à Villanueva del Rio , un charbonnage excellent garantit le service du chemin sur Cordoue ; on espère qu'il sera en mesure de fournir à l'industrie et à l'usine à gaz de Séville le combustible qui se tire actuellement de Newcastle.

La province a aussi ses manufactures de toiles de ménage, de toiles damassées et de coutils à Cadix ; de tissus de lin et de chanvre, de serges et de mouchoirs à Malaga ; de rubans de soie à Grenade. Séville a 74 fabriques de tissus de soie, de laine, de lin et de chanvre ; une seule de tissus de coton ; 32 fabriques de faïence, dont une de qualité fine ; une raffinerie, et des fabriques d'extrait de réglisse. En ce qui concerne le commerce sur la Méditerranée, Malaga, dont le port contiendrait des escadres, a un mouvement annuel de 2 à 300,000 tonneaux avec les petits ports d'Almeria, Adra et Motril ; sur l'Océan, à Cadix, les entrées et les sorties en 1854 étaient de 2,149 bâtiments et de 433,692 tonneaux pour l'étranger, de 156 bâtiments et de près de 133,000 tonneaux pour les colonies ; la valeur du tout montait à 112,246,423 fr. Quoi qu'on dise, Cadix n'a donc pas tout perdu à l'émancipation de l'Amérique. Cette cité, peuplée de 60,000 habitants et active, sera relevée de sa déchéance lorsque l'exécution complète du réseau aura ravivé la navigation des ports de l'Océan par la facilité de répartir les importations de l'Atlantique à l'intérieur, de recevoir les produits nationaux pour les exporter dans le nord de l'Europe et en Amérique.

En résumé, rien n'a été refusé à l'Andalousie. Il n'est pas de développements dont elle ne soit susceptible, c'est la seule province qui ait des ports sur les deux mers. Elle fut célébrée par les anciens sous le nom de l'heureuse Bétique ; les Maures ne lui ont dit adieu qu'en pleurant, et son histoire, de leur temps, ressemble presque toujours à une féerie des *Mille et une nuits*, tant elle est féconde, industrieuse, commerçante, fortunée ! Il y est parlé de 12,000 villages sur les rives du Guadalquivir, d'une population de 3 à 400,000 âmes dans chaque ville principale ; il paraît même avéré qu'avant la révolte des Alpuxarres, en 1570, le seul royaume de Grenade nourrissait 3 millions d'habitants ; aujourd'hui, pour toute la province, le chiffre est de 2,931,536. Le secret de cette prospérité, dont les exagérations de la légende n'infirment pas la réalité, était le travail ; le travail la fera renaître. La culture est en progrès. Avec les défrichements disparaissent le palmier nain, cette décoration tenace du littoral algérien, les buissons de myrte, les touffes de laurier-rose, la réglisse, qui pousse comme une mauvaise herbe et dont il faut déjà s'approvisionner sur les côtes de la Méditerranée. Toutefois, dans une foule de localités, le pays reste désert, nu, brûlé ; il appelle l'irrigation, dont les procédés n'ont guère persisté que dans la plaine fameuse de Grenade, dont le bienfait devra être généralisé. Là où les terrains seront par leur élévation difficilement accessibles aux canaux répartiteurs, la machine à vapeur pourra faire parvenir l'arrosage à leur niveau ; le climat exige qu'on utilise jusqu'à la dernière goutte d'eau disponible ; le rendement du sol payera la dépense avec usure. Quant à l'industrie des métaux et des tissus, elle est trop bien servie par la présence des matières premières pour que les essais s'en ralentissent ; les traditions manufacturières et commerciales ressusciteront avec éclat.

Les Andalous sont pleins de feu, doués d'une intelligence rapide, prompts à tout s'assimiler. Si leur humeur communicative et leur vivacité spirituelle les emportent, ils sont comparables à nos Gascons ; s'ils se laissent aller à leur imagination et à leur goût du faste, ils semblent des Orientaux. Issus du sang ibérien mêlé au sang de la Phénicie et à celui de l'Italie ; sincèrement attachés à Rome, à laquelle ils donnèrent les deux Sénèque, Lucain, Trajan, Adrien et Théodose ; n'ayant gardé d'autre trace du séjour des Vandales que le nom de leur province ; antipathiques aux Goths, et préférant se soumettre aux Grecs de Constantinople ; longtemps asservis par les Berbers et les

Arabes, suspects à bon droit même de quelque con-
sanguinité avec eux ; c'est une race éminemment méridionale, sensible aux impressions extérieures, capable
du subtil raffinement de la pensée, née surtout pour
les arts, ayant ses jours de généreux enthousiasme.
Séville est la personnification de leur génie. La royauté
fut tentée quelquefois de renoncer à Tolède pour
Séville, comme elle avait renoncé à Burgos pour
Tolède ; partie du nord, avant de se fixer au centre,
elle eut ses entraînements vers le sud qu'elle avait
délivré, qui adopta l'idiome de la Castille et en suivit
la fortune. Lorsque, au commencement de ce siècle,
Madrid, Tolède et Burgos étaient envahis par l'étranger, Séville se souvint qu'elle avait été l'une des
capitales de la monarchie, et ce fut elle qui arbora
dans sa junte fameuse le drapeau de l'indépendance
nationale.

Dorénavant cette cité a sa mission propre ; par son
étendue, ses monuments, ses gloires, sa situation,
c'est le chef-lieu de l'Andalousie ; c'est le point qui se
rattache le plus aisément à tous les autres. Un jour
sans doute, lorsque l'opportunité en sera manifeste, elle
jettera des embranchements jusqu'à Huelva sur l'Océan,

jusqu'à Malaga sur la Méditerranée, jusqu'à la plaine de Grenade ; un chemin de fer va la rattacher à Cadix ; bientôt elle donnera la main à Cordoue ; prochainement, le tracé le plus long fût-il adopté, elle ne sera qu'à quinze heures de Madrid ; à ces voies ferrées, ajoutez son fleuve et son port. Il y a quelques années, un bateau à vapeur français de 300 chevaux, le *Newton*, vint y mouiller ; en 1855, plus de 200 bricks et goëlettes y sont entrés pour le compte de la France seulement, et ses expéditions par le Guadalquivir ont été évaluées à plus de 57 millions. Que sera-ce quand les bâtiments d'un fort tonnage seront conviés par les facilités de l'accès et de la station ? A l'embouchure du fleuve, une ligne de rochers court du sud à l'ouest ; plus d'un naufrage a signalé les brisants de la barre ; après avoir élargi la passe, il faudra faire exécuter sur le Guadalquivir inférieur des travaux pareils à ceux qui, exécutés sur la Seine inférieure, ont porté le tirant d'eau du bassin de Rouen à cinq mètres. Il faudra même endiguer le fleuve à son passage dans la cité, afin de la préserver des inondations auxquelles elle est exposée durant les crues extraordinaires. Si cela se fait, et cela se fera, le flux et le reflux des marchandises et des voyageurs se partageront entre Cadix et Séville. Alors sans doute ces solitudes qui, sur les deux rives du fleuve, sont abandonnées à d'immenses troupeaux de taureaux à demi sauvages et rappellent les savanes des terres vierges, se couvriront des cultures de l'Europe et de l'Afrique, de villages, de villes même ; ce sera une magnifique avenue sur l'Océan ; la Péninsule aura une seconde Lisbonne visitée par tous les pavillons du monde, à laquelle aboutiront les voies ferrées de la province et du royaume.

La description de ces trois lignes montre tout ce qu'on peut s'en promettre ; dès qu'elles seront ache-vées ainsi que leurs embranchements, elles suffi-ront pour distribuer la séve et l'animation sur de vastes parties du territoire, et Madrid sera mis en relation avec Saragosse, Barcelone, Valence, Ali-cante, Carthagène, Malaga, Cadix, Séville, etc. Parmi ces cités, il en est que leur activité, leur opulence, leur population autorisent à une attitude de rivales vis-à-vis de la capitale ; si elle veut consommer irré-vocablement la victoire de l'unité sur cette dernière forme du fédéralisme politique, elle assumera le caractère de métropole industrielle, commerciale, financière ; elle produira et fera produire, elle fera et fera faire, elle étendra partout son intervention ; avec l'aide des chemins. de fer et de ses institutions de crédit, elle ceindra cette couronne qui est la marque souveraine de la civilisation du temps, la seule qui lui manque pour être une autorité incontestée, et la capitale, en se régénérant, accélérera la régénération du pays. Parmi les quatre lignes du réseau, aucune ne préparera plus efficacement que le chemin du Nord cette transformation de Madrid qui communiquera avec le plateau supérieur de la région centrale, les ports de l'Océan cantabrique, la France, et, par la France, avec l'Europe.

LE CHEMIN DU NORD.

La gare du chemin du Nord est près de la porte
Saint-Vincent, entre la colline *del Principe Pio* et la
rive gauche du Mançanarès, le long de la promenade
de la *Florida,* qui borde la rivière, à peu de distance
du palais de la reine; à portée du quartier opulent et
peuplé que traverse la longue voie composée de la *Calle
Mayor,* de la *puerta del Sol* et de la rue d'Alcala; elle
communiquera avec la ligne d'Alicante par un rail-way
de 6 kilomètres qui suivra du nord-ouest au sud-est
le contour extérieur de la capitale.

Le chemin, en sortant de Madrid, passera le Mançanarès sur un pont dont les fondations sont hors de
l'eau et s'infléchira vers le Guadarrama; il s'élève sans
dépasser la pente de 10 millimètres par mètre, par-

court 57 kilomètres, et atteint l'Escurial. Un édifice et un village sont compris sous ce nom fameux ; ce qui fut un épouvantail n'est plus qu'une antiquité.

L'édifice est à une demi-lieue du village. Dédié à saint Laurent, il affecte la forme parallélogrammatique d'un gril, instrument du martyre de ce saint, que l'Église fête le 10 août, jour où les armes de Philippe II gagnèrent à Saint-Quentin, en 1557, une autre bataille de Pavie contre la France. Mais c'est plus que le trophée d'une victoire, c'est le symbole même de la monarchie théocratique aspirant à la domination universelle. Il contient un palais, un monastère, et le caveau sépulcral de la dynastie, le *Panthéon*, dépositaire des cendres de Charles-Quint. Le style procède de la majesté de la Rome des Césars et de l'austérité d'une Thébaïde ; fastueusement décoré au dedans par les arts de la renaissance, au dehors il impose par un aspect sombre et superbe, par des proportions régulières et colossales qui supportent le voisinage de la chaîne de montagnes ; d'une plate-forme supérieure de 500 mètres à la capitale, il se fait voir à sept lieues à la ronde. Il coûta de 53 à 54 millions, soit 160 millions de notre temps. Le Vatican à part, c'est le seul édifice où l'on ait tenté de fixer le centre du monde entre un trône et une cellule. Après quoi il devint la résidence des princes de la nation vaincue à Saint-Quentin, victorieuse à son tour, et cette résidence fut bientôt délaissée pour Aranjuez et la Granja, où les petits-fils de Louis XIV se plurent à imiter Versailles, à humaniser la royauté au milieu des emblèmes mythologiques; ils abandonnèrent aux habitants du cloître le palais d'une époque à laquelle ils mettaient fin. Il n'y manquait qu'un décret révolutionnaire; les moines sont congédiés, et le Capitole ascétique de Philippe II, au bout de trois cents ans à peine, est un monument vide de l'histoire de la maison d'Autriche, attendant une destination qui le rajeunisse; la mémoire d'un passé redoutable, sans péril désormais, y survit sous un dessin architectural qui force l'admiration, et que la curiosité ne se lasse pas de visiter.

Un autre mobile fera de l'Escurial un but de promenade; ses environs sont la seule partie ombragée de la banlieue, la plus fraîche en raison de la hauteur de la sierra dont les neiges ne fondent complétement qu'en juillet. Des villas y ont été bâties; il s'en bâtira de nouvelles. Ces côtes, dont les sources alimentent quelques-uns des affluents du Tage et les fontaines de Madrid, se couvriront de plantations et de maisons de campagne qui en adouciront la sévérité. Les pierres de taille grisâtres des carrières à proximité, les bois de construction des forêts attenant à Ségovie seront reçus à la station pour les besoins de la capitale.

Le passage du Guadarrama au-dessus de Ségovie aurait offert des difficultés ; ce district est élevé ; le château de la Granja s'y trouve *dans la région des nuages où aucun monarque n'a son palais,* près du bourg de Saint-Ildefonse, dont la manufacture de glaces, aujourd'hui supprimée, a surpassé Saint-Gobain. C'est à six lieues plus au sud, vers le portochuele de Robledo, que la ligne abordera le faîte de la sierra ; elle le franchira avec une rampe de 15 millimètres, deux souterrains de 8 à 900 mètres de longueur, une contre-pente de 15 millimètres également, le tout concentré sur 12 kilomètres, et, après 64 kilomètres de parcours, elle descendra à Avila, ville de 6,000 âmes, dans le bassin du Douero.

La source du Douero est au revers du Moncayo, ce nœud du Guadarrama et de la cordillère ibérique ; la vallée se développe entre la cordillère continuée par la chaîne cantabrique qui délimite le pays basque, les Asturies, la Galice et la sierra Guadarrama, qui délimite la Nouvelle-Castille et l'Estremadure. C'est un angle ouvert de l'est à l'ouest entre ces deux côtés; l'Océan forme le troisième côté du nord au sud. Mais la vallée, dont le sommet est à 1,100 mètres au-dessus du niveau de la mer, est soutenue dans sa déclivité par une liaison épaisse et solide des ramifications transversales du Guadarrama et des monts Cantabres. La bande occidentale du triangle appartient au Portugal, et le fleuve dévie de sa marche pour longer cette frontière, qui le flanque d'escarpements sur chaque rive, sans permettre d'autre navigation que celle des barques lancées de Zamora. Ainsi, le bassin se divise en un versant lusitanique et une terrasse intérieure, sous deux températures et sous deux couronnes; la terrasse, cernée par les montagnes, renferme à l'ouest le Léon, à l'est la Vieille-Castille, ou le plateau supérieur de la région centrale.

C'est par Arevalo et Medina del Campo, du sud au nord, que le tracé se poursuit jusqu'à Valladolid sur 123 kilomètres. Arevalo n'est qu'une bourgade. Medina del Campo est une ville de 4 à 5,000 âmes; ce fut une cité peuplée de 70,000 âmes, connue par ses manufactures et ses foires; un rendez-vous des draps et des lainages de Cuenca, d'Avila, de Ségovie, des soieries de Tolède et de Séville, des cuirs de Cordoue, des épiceries de Valence et de Lisbonne, des tapisseries et de la cire de Flandre, des papiers et des merceries de France, etc.; un marché espagnol et européen. Il s'y faisait à chaque foire pour quelques centaines de millions d'affaires contre des lingots, de l'argent monnayé et des lettres de change. Comme Medina del Campo, Valladolid marqua lors de la phase industrielle du seizième siècle.

Sise à quelques lieues au delà du Douero, sur l'Esgueva et la Pisuerga, affluents du fleuve, c'est une ville ouverte, en pays plat, tandis que Burgos est posté sur la cordillère ibérique à 880 mètres au-dessus du niveau de la mer; elle aussi rivalisa avec cette vieille métropole par sa position au cœur de la contrée, entre Castille et Léon, la fertilité de son terroir; ses fabriques, ses foires, sa magnificence moderne. Tant que la royauté hésita entre Burgos et Tolède, ce fut une capitale provisoire; la demeure la plus habi-

tuelle de Ferdinand et d'Isabelle; le siége du gouvernement sous Charles-Quint; le séjour de Philippe II
durant les premières années de son règne; et Philippe III faillit déserter Madrid pour y revenir. La
forteresse de Simancas, où se gardaient les archives
de la couronne de Castille, est dans ses environs.
Elle a compté près de 100,000 habitants; on lui en
donne 24,000, tous s'assoiraient à l'aise, dit-on,
sur les trois rangs de balcons de sa grande place,
dont les portiques sont soutenus par quatre cents
colonnes d'une seule pièce; nous estimons qu'elle a
30,000 habitants au moins. Sa prospérité, suspendue
par les afflictions publiques, reprendra l'essor; son
enceinte retrouvera une population égale à celle dont
les générations du passé l'ont animée; sa situation sur
un emplacement spacieux, au centre même du plateau, en est le pronostic infaillible. Déjà, sans parler
de ses savonneries, de ses papeteries, de sa poudre
de garance, de ses lainages, Valladolid est le plus
important des marchés de céréales qui se succèdent à
Avila, à Arevalo, à Medina del Campo, et dont le
chemin du Nord est l'axe.

Le plateau léonais-castillan est propre aux grains

avant toute chose. Les forêts se sont conservées sur les montagnes : sur le Guadarrama, près de Ségovie et dans le ressort de Salamanque ; sur les rameaux de la chaîne cantabrique au nord-ouest du Léon ; sur la Cordillère où se voit, à 24 kilomètres de Burgos, la forêt de Villasur, riche en bois de construction. Dans le pays plat, si ce n'étaient quelques bouquets épars et des rideaux de peupliers blancs, d'ormeaux et d'aunes le long des rivières, la dénudation est complète ; on prête aux paysans castillans une aversion particulière pour les arbres, parce que les arbres attirent les oiseaux et que les oiseaux mangent le raisin et le blé. La nature du sol varie : ici, des steppes désertes ; là, quelques landes sablonneuses ; ailleurs un terrain pierreux ; ce qui prévaut, c'est un fond argilo-calcaire. L'ensemble du paysage n'a rien qui récrée les yeux, rien qui prête au style descriptif et appelle les pinceaux de l'artiste. Pourtant ces plaines dépouillées, se déroulant sans vives ondulations à perte de vue, si décriées pour leur monotonie, sont d'une fécondité remarquable ; leur élévation exceptionnelle les préserve des vents brûlants qui perdent quelquefois les moissons de la région méridionale, leur ceinture

de montagnes les protége contre les vents froids ; c'est
la terre des céréales par excellence. La production n'y
a langui que par suite du vice des communications
ou des calamités générales.

Il y a cent ans passés, sous le règne de Ferdinand VI et sous le ministère mémorable du marquis
de la Enseñada, afin de raviver la culture spéciale de
ce plateau en facilitant l'exportation, on résolut d'y
creuser un canal qui irait jusqu'aux monts Cantabres,
de percer ces monts par une route qui aboutirait à
Santander. Ce port dépend géographiquement du pays
basque, politiquement de la Vieille-Castille ; la cordillère ibérique, née du pâté montagneux en avant
duquel il est situé, avait donné prise à Burgos sur lui ;
rattaché par une route à cette ville, il fut rattaché au
bassin même du Douero par la route projetée. Le
canal, commencé en 1753, interrompu à diverses
reprises, n'est achevé que depuis vingt ans. Il part
de Valladolid ; il finit au pied de la chaîne cantabrique, à Alar del Rey. C'est par des affluents du
Douero qu'il est alimenté. Sa station principale est à
Valladolid. Entre Valladolid et Alar, il a un embranchement de 12 kilomètres sur Palencia, centre de

production de céréales ; au-dessus de Palencia, il a un second embranchement de 59 kilomètres, appelé le *canal de Campos*, qui va au sud-ouest jusqu'à Rioseco, autre centre de production de grains. L'influence de ces deux moyens de transport est sensible. Les jachères, abandonnées aux bruyères et aux troupeaux, se sont couvertes d'épis. Un grand nombre de minoteries bordent les deux rives du canal de Castille ; quelques-unes sont de fondation française et munies de meules de la Ferté-sous-Jouarre. Palencia a ses moulins, Valladolid a de grosses usines à moudre, et de cette ville à Alar, en 1856, quatre cents bateaux étaient employés au transport des farines. L'année précédente, en 1855, le plateau, sans entamer la récolte nouvelle, avait exporté par Santander 1 million d'hectolitres de céréales ; par Bilbao, 750,000 ; par Saint-Sébastien, 250,000 ; en tout 2 millions d'hectolitres. C'est à peu près le cinquième de l'exportation moyenne de toute la Russie pendant la dernière période décennale.

Partie s'expédie en nature pour l'Angleterre, pour la France même en cas de disette ; partie s'expédie sous forme de farine pour les Antilles espagnoles. Ces blés sont demandés; leur prix de revient ne dépasse pas celui des blés russes ou moldaves, et leur qualité les recommande pour la consommation ou pour la semence, puisqu'au lieu de 15 pour 100 ils ne perdent que 5 pour 100 à la mouture.

Embranchement d'Alar.

Ces résultats sont précieux. Cependant, d'Alar à Santander, la route est accidentée, pénible, sujette à se dégrader. De Valladolid à Alar, le canal a quarante-deux écluses sur 130 kilomètres; durant les basses eaux, il cesse à peu près d'être praticable, et n'a pu empêcher la concurrence d'un roulage latéral. Ces moyens de transport défectueux seront remplacés.

D'Alar à Santander, en remplacement de la route, un chemin de fer de 126 kilomètres, surnommé le chemin d'Isabelle II, a été concédé en 1849 à une compagnie particulière; 51 kilomètres sont en exploitation du côté d'Alar; on travaille à une autre section de 40 kilomètres de Santander à Las Caldas, qui sera mise en exploitation à la fin de cette année; la section montagneuse sera ensuite attaquée.

Et de Valladolid à Alar, en remplacement du canal, un embranchement du chemin du Nord se construit.

C'est au bourg de San-Isidro de Duenas, à 30 kilomètres au delà de Valladolid, que le tracé se bifurque : l'une des branches tourne au nord-est vers Burgos, l'autre passe par Palencia et va droit au nord sur 90 kilomètres. Sept ponts sont achevés; les terrassements sont faits sur 31 kilomètres; le reste est en cours d'exécution. Le canal deviendra au profit de cette voie un agent de correspondances locales.

Voilà, par la combinaison de l'embranchement et du chemin d'Isabelle II, un débouché rapide et économique pour le Léon et la Vieille-Castille; ajoutons-y l'Estremadure, qui communique avec Avila par des sentiers de muletiers, et exporte par Bilbao une partie de ses grains, dont l'autre partie s'exporte par Séville. Le stimulant sera décisif. Que ne faut-il pas en attendre quand le canal, la route de Santander et les chemins du pays basque ont presque suffi pour ranimer le plateau supérieur de la région centrale! La quotité de ses livraisons de céréales prouve quelle est sa vitalité; le résumé du mouvement de ses trois ports corrobore la preuve.

Depuis quelques années, le trafic de Santander, de Bilbao et de Saint-Sébastien augmente par suite de la sortie des vins, des grains et des farines ; Santander a même une trentaine de minoteries ; mais il augmente aussi par suite des arrivages de la France, de l'Angleterre et des colonies espagnoles. Les chiffres ci-après, relevés en 1855, expriment la valeur des deux courants d'exportation et d'importation : pour Santander, 79,993,000 francs ; pour Saint-Sébastien, 17,887,000 francs ; pour Bilbao, 67,901,000 francs ; soit ensemble 165,781,000 francs. Imputation faite à la vallée de l'Èbre du tiers des affaires de Saint-Sébastien et de Bilbao, il reste pour le Léon, la Vieille-Castille et les cantons basques, en nombre rond, un total de 137 millions. Or, la même année, les ports qui desservent la Murcie, le Valence et la Nouvelle-Castille, y compris la Manche, ne présentent qu'un total de 70 millions, afférent à un groupe de 3,500,000 âmes, tandis que le total de 137 millions est afférent à un groupe de 2,900,000 âmes. Le plateau supérieur et ses dépendances, avec 600,000 âmes de moins, produisent et consomment pour 67 millions de plus.

Maintenant, que l'on décompose les deux groupes de population. Il y a dans le groupe inférieur, pour la Nouvelle-Castille et la Manche, 1,615,065 habitants ; pour le Valence et la Murcie, 1,878,772 ; sur environ 3,500,000 habitants, c'est du côté des provinces du littoral que penche la balance. Dans le groupe supérieur, sur environ 2,900,000 habitants, il y en a pour le pays basque et Santander 628,514, et 2,253,640 pour le Léon et la Vieille-Castille. L'excédant en leur faveur, comparativement à la Manche et à la Nouvelle-Castille, est de 638,514 habitants. Sous tous les rapports, ce nous semble, le plateau supérieur est relevé de la langueur et de la débilité qui affectent les parties internes de l'Espagne ; le chemin du Nord bénéficiera du progrès de la population et d'un mouvement commercial tout créé auquel il donnera une impulsion nouvelle.

Santander a une rade abritée, accessible aux bâtiments d'un fort tonnage, la plus fréquentée dans le nord de l'Espagne ; d'après le chiffre précédemment énoncé, il en est la troisième place commerciale, n'ayant au-dessus de lui que Cadix et Barcelone. Comme Alicante sur la Méditerranée, comme Séville sur l'Océan

méridional, à une distance à peu près égale, celle de
500 kilomètres, Santander sera sur l'Océan septentrional le port de Madrid; c'est trop peu dire, *il en
sera le Havre*. Dans les importations convergeant de
tous côtés vers la capitale, son lot se composera né-
cessairement des provenances de l'Angleterre, de la
France occidentale, des villes anséatiques et de la
majeure partie des denrées coloniales. C'est encore
par Santander, plus directement que par Saint-Sébastien et Bilbao, que le bassin du Douero sera appro-
visionné. Son port sera mis à la mesure de tous ces
accroissements par les travaux qu'on y exécute. Il est
une autre denrée qui s'expédie de ses côtes dans l'intérieur, c'est le poisson, mets peu coûteux, qui corrige
partout la frugalité des repas. La pêche est très-abon-
dante dans les ports de sa circonscription : San-Vicente
de la Barquera, San-Martin de la Arena, Castro de
Urdiales, Laredo, et Santona, délaissé malgré la profondeur du mouillage et la facilité de l'entrée, l'une
des stations des croisières anglaises durant la guerre
de l'indépendance.

La population se distingue par l'aménité de ses
mœurs; elle est de 18,000 âmes. Chaque année, la

saison des bains de mer y amène une colonie de familles de Madrid et de plusieurs autres villes, que la douceur de la température sur le littoral cantabrique, les agréments des environs, le bon marché de la vie y retiennent quelques mois. Le pays est accidenté, bien cultivé, et, par exception à la région septentrionale, quelques coteaux produisent un vin excellent. Enfin, les bateaux à vapeur y débarquent beaucoup des visiteurs de l'Espagne, ils en débarqueront chaque jour davantage. Il y a pour le chemin du Nord, sans reparler des marchandises, une affluence considérable de voyageurs nationaux et étrangers assurée par l'embranchement d'Alar et le chemin d'Isabelle II.

Si du littoral nous retournons au pied des montagnes, à quelques kilomètres d'Alar et non loin de la source de l'Èbre, gît le bassin houiller de l'Orbo. La Société générale du Crédit mobilier espagnol y a acquis un charbonnage qui garantit par an 100,000 tonnes de combustible au chemin du Nord, 20,000 tonnes à l'usine à gaz de Madrid, indépendamment de ce qu'il peut fournir à l'industrie et au chauffage. Le bois à brûler, comme le bois à construire, est rare et cher soit dans la capitale, soit dans les villes du plateau ;

le prix des houilles de l'Orbo y variera de 35 à 40 francs la tonne. C'est encore une matière à transport. Ces mines, reconnues depuis un demi-siècle, mais exploitées récemment, appartiennent à une zone houillère qui suit la chaîne cantabrique à l'ouest et dont la richesse sera constatée à propos de l'embranchement des Asturies.

Tant de présomptions favorables sur la rémunération de l'embranchement d'Alar et du chemin du Nord ne seront pas ultérieurement affaiblies.

Ligne de Burgos.

De San-Isidro de Duenas le tracé se dirige au nord-est sur Torquemada; il parcourt ensuite la vallée de l'Arlanzon, affluent du Douero, et monte jusqu'à Burgos, bâti moitié sur cette rivière, moitié sur la côte; il continue à s'élever, et, à 16 kilomètres de Burgos, il franchit la séparation des bassins du Douero et de l'Èbre, avec un souterrain de 900 mètres à la montagne de Brujula, qui en est le faîte, de petits souterrains de 200 ou 300 mètres au défilé du village de Pancorbo, et une pente *maxima* d'un centimètre par mètre. Ce défilé, long d'un quart de lieue, entre deux masses de rochers à pic qui, par intervalles, se rapprochent au point de ne laisser voir du ciel qu'un ruban d'azur, a été surnommé les Thermopyles de la Vieille-Castille. Le tracé redescend par Briviesca, et à Miranda de Ebro, il traverse l'Èbre, qui n'y est pas plus large que le petit bras de la Seine à Paris. Au delà de Miranda est le pays basque; cette ville a un bureau de douane pour le sel et le tabac dont le commerce, monopolisé par le gouvernement, est libre dans ce pays.

Il y a de San-Isidro de Duenas à Torquemada 24 kilomètres d'un terrain productif et arrosé. La vallée de l'Arlanzon, sur 66 kilomètres de Torquemada à Burgos, est parsemée de vignes, de champs de froment, de plantations, et sa fertilité est certifiée par 58 villages à la droite et à la gauche du chemin, dans un rayon de 10 kilomètres. De Burgos à Miranda, sur 81 kilomètres, la contrée, cultivée en céréales, est moins fertile. A considérer l'arrondissement même de Burgos, sur les 600,000 hectares dont il se compose, il n'y en a que 20,000 d'incultes; on y compte 30,000 pieds d'arbres de clôture, presque autant d'arbres de verger. Les petites villes de Torquemada, Briviesca et Miranda ont de 4 à 5,000 habitants; Burgos en a plus de 24,000 et en a eu 40,000.

Cette population, fleur de la Vieille-Castille, conserve une physionomie d'austérité fière imprimée par le rôle de Burgos durant la période de fondation politique de ses rois, d'exploits chevaleresques de son Cid, et cette empreinte solennelle persiste dans ses édifices, surtout dans sa cathédrale.

Si la grandeur des Castillans s'acheva à Tolède, elle commença à Burgos au onzième siècle. Jusque-là, la royauté asturienne résidait dans la ville de Léon, au pied des monts Cantabres et au nord-ouest du plateau qu'elle avait conquis sur les Maures, loin du reste de l'Espagne et de l'Europe continentale. Des princes français, issus de la maison de Navarre, érigèrent la Castille en royaume et y adjoignirent le royaume du Léon, des Asturies et de la Galice, de même qu'au siècle suivant les comtes français de Barcelone réunirent la Catalogne à la couronne d'Aragon et en constituèrent la force. L'avénement de ces deux dynasties eut le même effet en Aragon et en Castille; l'élément ibéro-romain prévalut sur l'élément gothique, la fusion

des populations indigènes et de la race des conquérants s'opéra, la nationalité espagnole en sortit, et
l'élan fut donné à la reprise du territoire, et cela à
l'heure même où la ruine de l'empire arabe de Cordoue favorisait les armes chrétiennes. C'est alors que
de Léon la capitale fut transférée à Burgos ; la position
de la capitale nouvelle répondait admirablement à son
rôle. Adossée sur la pente de la Cordillère à un défilé
inexpugnable, d'une part, elle commandait les plaines
du bassin du Douero, qui, au nord-est, finissent à
ses montagnes ; de l'autre, elle étendait son ascen-
dant sur la vallée supérieure de l'Èbre, prenait possession du canton de la Rioia, dominait le pays basque,
et, par les défilés de la sierra Guadarrama, elle péné-
trait dans la vallée du Tage, où elle s'emparait de
Tolède sur les Maures ; Valence était même enlevée
par le Cid et, après sa mort, défendue un moment
par l'héroïsme de Chimène. La fortune de cette monarchie amena la prééminence de Tolède, la déchéance de la citadelle primitive ; seulement le roi mé-
nageait son orgueil, en lui attribuant la préséance dans
les cortès et en disant à ses représentants : *Tolède
fera ce que j'ordonne, que Burgos parle.* On sait la fin

de cette rivalité. Aujourd'hui les chemins de fer, qui, eux aussi, suscitent tant de mutations dans les destinées des villes, attribueront la suprématie commerciale à Valladolid, si heureusement située au centre des lignes de Bayonne, de Santander, de Madrid et des futurs embranchements des Asturies et de la Galice. Mais Burgos est l'une de ces cités impérissables qui perpétuent leur illustration traditionnelle. Son avenir réside dans ses manufactures de laines, qui n'ont pas été sans célébrité autrefois.

Les laines sont l'un des produits notables du plateau. Les troupeaux de moutons y sont nombreux; les uns sont stationnaires, les autres passent l'hiver dans les plaines, l'été sur les montagnes. Ces migrations furent un fléau sous le régime de la *Mesta*. C'était une association de membres de la noblesse et du clergé, grands producteurs de laines, qui était parvenue dans les provinces de la couronne de Castille à grever les propriétés rurales d'une servitude au profit de leur bétail, devant lequel toute clôture était interdite. La bête ovine régna tyranniquement. Ce régime s'explique par les prérogatives de l'aristocratie et de l'Église, par la diminution des cultivateurs chrétiens et l'expulsion des Maures, par la détresse de l'agriculture, dont il compléta la ruine. Chose pareille ne s'est vue que lors de la décadence antique ; l'Italie était devenue l'héritage de quelques patriciens ; la race des laboureurs libres s'éteignait dans la pauvreté, les esclaves ne se recrutaient plus par la guerre, et une terre féconde fut changée en pâturage pour donner des revenus à ses maîtres. Les traces du fléau sont encore visibles dans tant de portions incultes du centre, dans leur privation d'arbres qu'avec l'appréhension d'un dégât périodique on cessa de planter. Le pays ne sera même quitte de la dent des moutons voyageurs que si le chemin de fer se charge de leur déplacement.

Le rendement annuel en laines de la Vieille-Castille, du Léon et de l'Estremadure est de 4 à 5 millions de kilogrammes ; les plus fines proviennent des pâturages de Ségovie et de ceux de Soria, près de la source du Douero. La France, année moyenne, reçoit des laines de l'Espagne pour 7 à 8 millions de francs ; il en entre pour 2 millions par Bayonne. L'industrie lainière a ses ateliers à Soria, à Ségovie, à Avila, à Medina del Campo, à Valladolid, à Palencia, à Burgos, à Santander ; c'est l'industrie dominante.

Il n'y a aucune usine métallurgique à citer, si ce n'est à Santander, qui a trois fonderies de fer avec machines, une trentaine de forges à la catalane, et dans son district du fer, du plomb, de la calamine. Une société française, qui opère dans le rayon des ports de San-Vicente de la Barquera et de Cumillas, a extrait en plomb, en calamine et en blende 28 à 29,000 tonnes de minerai brut. Les minerais divers abondent sur les deux versants des montagnes qui entourent le plateau. La sierra Guadarrama, avec son granit et ses marbres, renferme des filons de cuivre. On signale aux approches de Soria de l'asphalte, de la houille anthraciteuse et du fer, encore du fer à quelque distance de Miranda de Ebro, des mines de sulfate de soude à portée de Valladolid et de Burgos, du plâtre sur la Brujula, du plomb dans les environs de Salamanque, des gisements de fer, de plomb argentifère et d'étain aurifère en exploitation aux alentours de de Zamora; un gîte carbonifère a été reconnu près de Burgos et commence à être exploité. Au surplus, lorsque l'industrie des métaux est si bien installée sur le littoral cantabrique, les efforts du plateau semblent devoir se concentrer dans l'industrie des lainages, dans certaines industries secondaires , telles que tanneries, savonneries, faïenceries, verreries, papeteries, minoteries, raffineries, etc., dont il existe des échantillons sur différents points , et dans la culture.

Le climat, déterminé par une hauteur moyenne de 6 à 700 mètres au-dessus du niveau de la mer, enlève à ce plateau le ciel splendide, la végétation tropicale et les enchantements du Valence ou de l'Andalousie; il le classe dans la zone tempérée, parmi les pays chauds en été, pluvieux en automne, froids en hiver, et nulle autre contrée espagnole n'a plus d'analogie avec les bassins de la Seine et de la Loire.

Il n'y a pas dans l'Europe occidentale un espace aussi vaste qui soit plus propre aux céréales. C'est encore un grenier ouvert par la vapeur, qui, circulant des *terres noires* de la Russie aux *campos* de l'Espagne, conjurera nos crises alimentaires. Le sol est si naturellement productif qu'il n'a besoin que d'un labour superficiel et ne reçoit jamais de fumure. Les récoltes de plusieurs années s'accumulent quelquefois à Salamanque jusqu'à concurrence de quelques millions d'hectolitres, qui demeurent invendus faute de moyens de transport; un embranchement partant de Medina del Campo rendrait cet entrepôt disponible, et Zamora, autre centre de production de grains, ne serait pas moins utilement rattaché à Valladolid. Un dernier mot fera apprécier la fertilité incomparable du plateau. Ce fut l'un des principaux théâtres de la guerre de l'indépendance, disputé à Burgos, à Torquemada, à Medina del Rioseco, à Valladolid, à Ciudad-Rodrigo, à Salamanque, à Alba de Tormès, aux Arapyles, etc., entre les armées espagnoles, anglaises et françaises; et, pendant près de six années d'une guerre dévastatrice, ces armées ne consommèrent d'autres grains que ceux du plateau. Les lins sont estimés. Il s'exporte de la garance. Les mûriers promettent de réussir. Les vins surabondent à ce point que chaque année le paysan jette comme de l'eau ce qu'il n'a pas vendu ou consommé de la vendange précédente; généralement rouges et légers, ils sont généreux dans les crus de Valladolid, de Simancas, de Zamora; à Medina del Campo, ils sont blancs et rappellent nos vins de Grave. Il y a rareté d'oliviers. On fait du beurre excellent dans les montagnes d'Avila, de Burgos et de Santander. Le gros bétail est nombreux, sans être suffisant; la variété des bœufs sans cornes existe dans le canton de Peñaranda. L'extension et la permanence des pâturages résulteront du système d'irrigations dont le Douero, ses affluents, et le canal de Castille, seront les grosses artères, et, grâce à une bonne administration des eaux, les plantations d'arbres se multiplieront avec succès.

Outre les deux embranchements de Salamanque et de Zamora, il s'en construira d'autres qu'il serait superflu d'énumérer; avant tout, peut-être, il conviendrait d'y transporter l'application des routes agricoles des landes de la France. Ces routes, en s'échelonnant des deux côtés de la ligne de Bordeaux à Bayonne, améliorent le sol et provoquent des agglomérations de population; si elles sont exécutées sur la droite et la gauche de la ligne du Nord, il se créera des villages pour les chemins vicinaux, puisqu'il ne s'est jamais créé de chemins vicinaux pour les villages. Et tandis que le plateau se couvrira de ces voies diverses qui en constitueront la solidarité, deux embranchements de premier ordre, décidés en principe, y relieront les Asturies et la Galice.

Embranchements cantabriques.

La chaîne cantabrique, en séparant les Asturies du Léon, se relève presqu'à la hauteur des Pyrénées aragonaises. A la base de la chaîne, l'embranchement rencontrera les mines de Valderueda, de même que l'embranchement d'Alar y rencontre les mines d'Orbo ; l'étendue constatée de cette zone houillère, de l'est à l'ouest, est de 50 kilomètres. Comme une partie des charbonnages d'Orbo, une partie des charbonnages de Valderueda, susceptible de produire plusieurs centaines de milliers de tonnes par an, a été acquise par la Société générale du Crédit mobilier espagnol. On voit que le service du chemin du Nord, à un prix normal, est garanti par ces houilles, qu'il prendra sur son trajet même ou à proximité.

Au delà de la chaîne, une seconde zone houillère mesure 300 kilomètres de l'est à l'ouest, sur une largeur variable qui égale quelquefois l'intervalle de la montagne à la plage ; à Avilez, elle s'exploite jusque sous la mer. On n'en connaît jusqu'à présent que les affleurements principaux ; on se rendra maître, par de meilleurs procédés d'exploitation, de ce dépôt énorme de combustible, dont les couches se dérobent sous des terrains d'un âge récent. C'est de cette zone que dépendent les mines de Sama de Langreo, jointes au port de Gijon par un rail-way de 37 kilomètres dont le célèbre banquier Aguado fut le promoteur, et que l'embranchement croisera en se dirigeant sur Oviedo, à quelques lieues en arrière du port. Une partie du charbon de ces mines, dont il s'extrait annuellement plus de 80,000 tonnes, se transporte de Gijon sur différents points du littoral ; l'autre partie se consomme sur place. Il y a des usines à fer à Sama et à Miérès, une usine à acier à Pola de Lena, une fonderie de canons à Trubia, une usine à zinc, gérée par une société franco-belge, à Arnao, près d'Avilez ; à Avilez même, une fabrique de chaudrons et autres ustensiles en cuivre. Le cuivre, le fer, le zinc, etc., sont originaires de la province, dont la coexistence des minerais et des charbonnages indique l'avenir industriel.

Le territoire est découpé en vallées étroites par les rameaux cantabriques. Leurs pentes sont revêtues de forêts importantes de chênes et de châtaigniers ; les pâturages nourrissent, avec une espèce vigoureuse de chevaux, du gros bétail dont il se fait des envois à Madrid ; mais il y a peu de blé et le cidre est la boisson ordinaire ; le climat, semblable à celui de notre Bretagne, est peu propice à la vigne. La province aura à échanger contre des blés, des vins, des huiles et des objets manufacturés, etc., les produits de ses usines, ses houilles, ses pierres à meule, ses bois de construction, ses bestiaux, son beurre salé, ses cuirs, ses châtaignes, ses poissons, et un engrais formé de détritus marins. Quant aux côtes, elles n'offrent que de petits ports ; Gijon n'a avec l'étranger qu'une navigation de 10,000 tonneaux par an ; à égale distance de Gijon et de Santander, Riba de Cella est pourvu d'un bassin à flot de 1,800 mètres. Le commerce maritime est restreint, il n'égalera jamais celui du pays basque ou de la Galice.

L'embranchement ne manquera pas de voyageurs. Les Asturies, avec leurs 525,000 habitants, sont une pépinière de travailleurs pour le royaume. Tous les ans, des milliers de manœuvres s'expatrient, les uns pour faire les moissons et les vendanges des Castilles, les autres pour aller séjourner dans les grandes villes et ne rentrer qu'avec les épargnes de quelques années.

Il en est ainsi de la Galice, qui compte 1,770,830 habitants, et dont l'émigration annuelle est évaluée à 30 ou 40,000 individus. Portefaix, domestiques, porteurs d'eau de Madrid et maraîchers de la banlieue, tous sont de ces deux provinces. Ce sont gens robustes, laborieux et sûrs. Les Asturiens, dénués de la vivacité gracieuse et brillante, ont été longtemps calomniés sous le surnom de *Béotiens de la Péninsule;* ils sont doués d'une raison droite et sagace. Encore fiers à cette heure d'avoir abrité les débris de la monarchie gothique, ils ont le respect de la légende de Pélage, dont les successeurs s'appelèrent les rois d'Oviedo et les comtes de Gijon avant de s'appeler les rois de Léon; mais, après avoir secondé la formation de la monarchie moderne, ils en ont aussi secondé les réformes au dix-huitième siècle. C'est une école asturienne, illustrée par Feijoo, Campomanès et Jovellanos, qui sonda la profondeur de la plaie, naturalisa l'économie politique en Espagne, et combattit à la fois la constitution féodale de la propriété, les priviléges ecclésiastiques, l'ignorance de la nation et l'inertie des classes laborieuses. Cette école donna l'exemple du civisme sous la royauté.

Les Galiciens n'ont pas une figure aussi nettement caractérisée. Au début des annales nationales, on les voit ralliés à la royauté asturienne et léonaise, et, dès lors, Santiago de Compostelle, leur capitale, passa pour contenir les restes de l'apôtre saint Jacques, patron de l'Espagne, qui furent visités par une affluence innombrable de pèlerins jusqu'aux dernières années du dix-huitième siècle. D'après leur expansion dans le nouveau monde, ils semblent avoir la vocation des entreprises extérieures; sous ce rapport, ils seraient aux Asturiens ce que les Catalans sont aux Aragonais, et leur terre natale, différenciée des Asturies comme la Catalogne de l'Aragon, a des chances de devenir une Catalogne du nord-ouest.

Baignée par l'océan Cantabrique et par l'océan Lusitanique qu'elle divise, cette terre se signale tout d'abord par l'étendue de ses côtes, ses pêcheries et une multiplicité de ports, dont trois n'ont rien à envier aux ports les plus beaux du globe. Le Ferrol est un port militaire, fondé par le ministre qui fit ouvrir le canal de Castille; la Corogne et Vigo, ports marchands, trafiquent avec l'Europe et les colonies espagnoles, la Corogne pour 7 à 8 millions de francs par année, Vigo pour 1,200,000 à 1,300,000 francs seulement. La mesquinerie de leur navigation, mise en regard de leur importance naturelle, est une anomalie que la facilité des relations avec l'intérieur fera disparaître ; les voies ferrées assigneront à la province sa légitime prospérité commerciale, sans préjudice de la prospérité agricole et industrielle.

Comme les Asturies, la Galice est montueuse, boisée, abondante en pâturages ; mais elle est mieux arrosée. Un fleuve d'une longueur de 60 lieues, le Minho, la traverse du nord-est au sud-ouest, reçoit de nombreux affluents et contribuera à sa fertilisation. En outre, la chaîne des monts Cantabres s'y partage en ramifications généralement dirigées du nord au sud, et la température, sévère dans les parties hautes et centrales, se modifie dans les vallées que l'air méridional pénètre. Le canton d'Orensé pourrait livrer annuellement à l'exportation plus de 500,000 hectolitres de vin. Quelques crus ne le cèdent en rien à ceux où le Portugal récolte le vin d'Oporto. Avec la vigne croissent le mûrier et l'amandier, les orangers mêmes, et, dans les jardins de la côte, quelques dattiers stériles se montrent en avant-coureurs de la végétation du versant lusitanique des vallées du Douero et du Tage. D'ailleurs la production du blé est insuffisante; elle est suppléée par le maïs et les pommes de terre. Le rendement du lin et du chanvre est estimé à près de 5 millions de kilogrammes par an. Sauf une manufacture de toiles de diverses sortes, le tissage n'existe qu'à l'état d'industrie villageoise ou de réunion de métiers de la campagne. Il y a des savonneries, des verreries, des papeteries, des chapelleries, une fabrique de faïence à Sarjadelos, et là même un minerai de fer local est traité dans une fonderie. Les mines d'étain des environs d'Orensé, renommées dès l'antiquité, sont en pleine exploitation. Quoi qu'il en soit, l'industrie métallurgique semblerait plus spécialement réservée aux Asturies, l'industrie des tissus à une contrée productrice de lins et de chanvres, à portée des arrivages du coton de l'Amérique. La Galice recevra des houilles, des objets de fabrication métallique, des tissus de laine et de soie, des blés principalement, et elle enverra des bestiaux, des suifs, des cuirs pour lesquels elle a une quarantaine de tanneries, du thon et des sardines, des pommes de terre, des bois de construction, des denrées coloniales.

D'après ce qui vient d'être dit, avec 2,300,000 âmes au moins dans les Asturies et la Galice, les deux embranchements seront d'un bon rapport; ils auront un tronc commun entre Valladolid et Sahagun, et annexeront à la ligne du Nord tout le nord-ouest du territoire léonais.

Population.

L'inspection du bassin du Douero et de ses dépendances immédiates est achevée; il nous reste à parler des habitants.

Mais, d'abord, qu'on se représente le plateau formant un tout bien lié par les embranchements qui lui sont propres, les routes agricoles et les canaux d'irrigation; rattaché à la Galice, aux Asturies, au pays basque; communiquant par ses ports, du fond du golfe de Gascogne jusqu'au delà du cap Finistère, avec l'Amérique, l'Angleterre et la France, par ses frontières de terre avec l'Europe continentale; tenant à Madrid; armé en un mot de tous les ressorts de sa faculté de relation; ne sont-ce pas les éléments mêmes de la monarchie castillane que le chemin du Nord rassemble et vivifie? C'est la couronne primitive des Espagnes au travail. C'est dans le foyer de l'enfantement politique que la nation procède à sa régénération économique. Les faits et les chiffres sous les yeux, nul milieu n'est mieux préparé, nulle part il n'y a une réunion plus compacte de populations. On a pu se faire une idée de la masse des échanges entre le plateau léonais-castillan, si foncièrement nourricier, et les provinces limitrophes; cette circulation se développera de jour en jour. Pour hâter cette régénération, il ne resterait qu'à faire un appel aux bras auxiliaires. Le climat convient aux cultivateurs de la Belgique, des Flandres, de la France moyenne; classe de colons laborieux et expérimentés qu'il importerait d'implanter sur les espaces vides du bassin du Douero, et qui n'auraient qu'à se féliciter de l'hospitalité et de l'émulation castillane. Les gens de ce pays savent mener de bons commencements à bonne fin.

La population de la région centrale, sur les deux versants du Guadarrama, descend de la race issue du mélange du sang ibérien, du sang romain et du sang germanique, qui créa l'Espagne, de même que du sang des Francs, des Romains et des Gaulois naquit la race du centre de notre patrie, qui créa la France. Non-seulement elle reconquit sur les Maures la plus grande étendue du territoire, mais encore elle eut la plus grande part à la constitution de l'unité nationale, et son mode d'action ressembla au nôtre.

Dès l'avénement de la maison française de Navarre au onzième siècle, l'élément ibéro-romain prévalut sur l'élément gothique, ainsi que nous l'avons dit, et les deux peuples séparés par les Pyrénées, mais appartenant sous des noms divers à la grande famille des Celtes, régis pour le moment par des princes de la même origine, procédèrent de même, conformément à leur parenté. Les communes de Castille se coalisèrent avec la royauté contre l'aristocratie féodale, qui fut abaissée au profit du trône et des cités, au lieu qu'en Aragon, où l'élément gothique conserva sa prépondérance plus longtemps, les communes et l'aristocratie se coalisèrent contre la royauté. Sous la dynastie autrichienne, la race castillane commença par protester contre une royauté étrangère qui absorbait les priviléges des cités aussi bien que ceux de la noblesse ; depuis la journée de Villalar, où, en 1522, la ligue des *communeros* et l'héroïque Padilla furent vaincus près de Valladolid, elle fit avec résignation le sacrifice de ses libertés antiques à la monarchie en qui l'État se résumait alors. C'est ainsi que les choses se passèrent chez nous, si ce n'est qu'elle accepta sans murmurer l'inquisition, qui était moins le préservatif de la pureté de la foi qu'un rouage du despotisme royal. Quoi qu'il en soit, seule, elle contre-balança des tendances fédérales dissolvantes; il lui fallut forcer les provinces de la couronne d'Aragon à subir une centralisation nécessaire, qui s'accomplit sous les Bourbons et perdit de sa rigueur.

Politique et militaire, cette race cultiva les sciences du moyen âge avec éclat dans ses universités de Salamanque, de Valladolid, d'Alcala de Henarez, et l'on peut lui pardonner d'avoir tenu les sciences et la philosophie modernes à l'écart; Galilée fut emprisonné à Rome, il aurait été brûlé à Madrid. La culture des lettres, des arts et de la poésie, sous l'inspiration de la foi nationale, lui assigna du moins une place éminente; dès le seizième siècle, tandis que les autres nations achevaient la formation de leur langue, la sienne rivalisait avec celle de l'Italie par une pureté précoce, des productions du premier ordre; elle succédait à l'universalité de l'italien et devançait l'universalité du français; honneur qui jusqu'à présent n'a appartenu qu'aux langues des nations latines.

Nous ne citerons pas la longue liste des capitaines illustres et des grands princes de sa race; le plus grand peut-être est Isabelle la Catholique, qui partage le mérite de la politique habile de Ferdinand et ne partage avec personne le mérite d'avoir ouvert à Colomb la voie du nouveau monde. Parmi ses écrivains, Cervantès, Lope de Vega, Calderon, jouissent d'une popularité européenne. Parmi ses saints, à côté du fondateur de l'ordre des dominicains, adversaire militant de l'hérésie albigeoise, sainte Thérèse d'Avila exalta la charité au milieu de nouvelles discordes religieuses, en s'égalant aux maîtres du style sans le savoir. Parmi ses hommes d'État, le cardinal de Ximenès fut l'un des initiateurs de Charles-Quint, le modèle du cardinal de Richelieu; le marquis de la Enseñada fut le digne imitateur de Colbert, le préparateur du *Pacte de famille* et du beau règne de Charles III.

Cette influence que, du seizième au dix-septième siècle, l'Espagne exerça sur la religion, la politique, la littérature, la politesse, la mode même, a presque uniquement sa source dans le génie des Castillans, dont l'idiome devint la langue de la Péninsule et fut un moment celle du monde civilisé. Durant la période carlovingienne, ce sont eux qui font l'histoire du royaume, ils en portent la responsabilité et la gloire ; si leur orgueil plaça la Castille à la cime de la grandeur espagnole, ils s'immolèrent à cette grandeur. Depuis la période des Bourbons, dont ils appuyèrent les droits avec autant de sagesse que de courage, leur ambition et leur intolérance se sont détendues, leur sociabilité est devenue apparente ; ce sont eux qui, avant tous les autres Espagnols, ont sympathisé avec l'Europe, ses lumières et ses exemples. De nos jours, ils ont installé la monarchie représentative ; Madrid, par son initiative dans cet événement, s'est montrée la capitale du royaume. Enfin, si l'on cherche au delà des Pyrénées ce tempérament moyen qui aspire à la modération et repousse les extrêmes, chez eux la circonspection s'allie à une énergie rare, un sens pratique très-fin à l'humeur chevaleresque, le tour de la raillerie attique à la parole élevée, et leur cordialité perce à travers l'enveloppe cérémonieuse.

13.

On a longtemps établi un parallèle injurieux entre les Castillans et les Basques, les Catalans, les Valenciens, en raison de leur appauvrissement et de leur incurie. C'était oublier que, jusqu'à la soumission de toutes les provinces au même régime administratif, les charges de l'État pesèrent presque intégralement sur eux; ils étaient la tribu fidèle de Juda payant exceptionnellement de ses biens et de son sang pour la cause commune. Tant que le terme de la misère ne s'est pas entrevu, leur apathie tant incriminée a été le sommeil de la fierté. Le réveil est manifeste, et le mouvement industriel et commercial du seizième siècle recommence avec les puissants procédés du nôtre.

Passage des Pyrénées.

Le pays basque, où le tracé pénètre après avoir passé l'Èbre à Miranda, s'est donné dès le quatorzième siècle à la Castille, sous la condition de la reconnaissance de ses *fueros*, et de la prétention *d'obéir aux ordres royaux sans les exécuter*, s'il les jugeait attentatoires à ses libertés. C'est dans ce pays, coalisé avec la Navarre, province limitrophe de même race et de même langue, que s'est livré, de nos jours, le dernier combat de la centralisation et des priviléges provinciaux. Ç'a été une agrégation de républiques municipales égalant leurs droits collectifs à ceux de la monarchie, la noblesse de chacun de leurs citoyens à celle du roi, et plaçant la pureté chrétienne de leur sang au-dessus de toute comparaison. Quels qu'aient été les abus de l'esprit local, leurs mœurs sont simples, leur accueil affable, nulle part le travail n'est pratiqué avec plus de dextérité et surtout de persévérance. Selon le dicton populaire, un Aragonais enfonce un clou en frappant du front sur la tête, un Basque, en frappant du front sur la pointe. Dans cette Suisse des Pyrénées où le pittoresque de l'Océan s'unit au pittoresque des montagnes, l'agriculture est entendue comme dans un pays de petite propriété. Des ports ont été ingénieusement créés. Ses marins sont habiles et hardis; au seizième siècle, ils pêchaient la baleine sur les bancs de Terre-Neuve. Les fabriques sont nombreuses. Les villes ont un cachet de régularité et de propreté. Des routes aussi belles que les routes royales ont été faites à ses frais. La population a de la densité. L'aisance est générale. Aussi les habitants ont-ils pu

dire quelquefois au gouvernement : « Voyez ce que
» vous avez fait du royaume, et regardez ce que nous
» avons fait chez nous! »

Ce pays, composé de trois cantons, est peuplé de
414,096 âmes, dont 97,247 pour l'Alava, 156,379
pour le Guipuscoa, 160,470 pour la Biscaye. L'Alava
dépend de la vallée de l'Èbre, et occupe le versant
méridional des monts Cantabres jusqu'à leur point
d'origine dans la chaîne des Pyrénées. Le Guipuscoa,
plus à l'est que l'Alava, occupe le versant septentrional des monts Cantabres en regard du golfe de
Gascogne, des Pyrénées en regard de la France.
La Biscaye, plus à l'ouest que l'Alava, est enclavée
entre les monts Cantabres et la mer.

De Miranda de Ebro à Vittoria, chef-lieu de l'Alava,
le tracé suit la vallée de la Zadorra, l'un des affluents
de l'Èbre, sur 33 kilomètres; de Vittoria, il s'élève
avec des pentes qui ne dépassent pas 8 millimètres et
avec un souterrain de 500 mètres, en se dirigeant au
nord-est, sur 50 kilomètres, jusqu'à Alsasua. C'est
ici, sur les limites de l'Alava et du Guipuscoa, entre
Alsasua et Villafranca, qu'est compris le passage des
Pyrénées. Une dépression naturelle de la chaîne facilite

les communications de l'Espagne et de la France, qui de temps immémorial y ont fixé leur itinéraire. D'Alsasua à Villafranca, un premier souterrain de 900 mètres, un autre de 2,900 mètres à Oazurza, et quelques tunnels de 100 à 300 mètres sont nécessaires pour effectuer un trajet de 40 kilomètres avec des pentes qui ne dépassent pas 15 millimètres. De Villafranca à Irun, le tracé franchit les faîtes séparatifs de quelques rivières sans que la moyenne de la contre-pente excède jamais 10 millimètres; il touche à Tolosa, la seconde ville du Guipuscoa, située agréablement au pied des montagnes, à Saint-Sébastien, chef-lieu de ce canton; et, après un parcours de 58 kilomètres, il aboutit à Irun, sur la rive gauche de la Bidassoa. Autant que l'art le permet, les difficultés du passage ont été simplifiées de façon à ménager une exploitation normale du chemin.

Les trois cantons doivent leur prospérité à l'industrie et au commerce dont leurs priviléges leur garantissaient la liberté illimitée; ce n'est pas par la culture qu'ils l'auraient acquise. Le territoire est montueux; beaucoup de vallées sont ouvertes au nord-ouest, ainsi que l'indique l'orientation des principaux cours d'eau qui se jettent dans la mer, et s'il convient par la fraîcheur des pâturages à l'élève du bétail, un seul canton est bien partagé sous le rapport agricole : c'est l'Alava, dont les vallées débouchent dans le bassin de l'Èbre; la plaine de Vittoria est fertile. C'est pourquoi le pays basque, produisant plus de maïs et de cidre que de blé et de vin, tire de la Vieille-Castille un supplément pour ses greniers et ses caves. Autrefois, dit-on, la vigne enrichissait l'Alava; aujourd'hui l'Alava et la Biscaye ne font qu'une récolte insuffisante d'un vin médiocre. Le sol est encore très-boisé, malgré la consommation abusive des forges; de Vittoria à Saint-Sébastien, sur le trajet même du chemin, s'étend une région forestière peuplée de chênes séculaires, de hêtres, de châtaigniers et de beaux arbres de charpente ou de menuiserie, que l'on carbonise assez fréquemment faute de communications faciles. Outre les bois de construction à échanger sur le plateau contre des vins et des blés, le chemin transportera les marbres variés du Guipuscoa, exploités le long de la ligne, jusqu'à Madrid, où déjà ils décorent la cheminée qui remplace peu à peu l'antique *brasero*. Les marbres de l'Alava ne seront pas moins recherchés. Et partout se trouve le minerai de fer. Il y a plus de cinq cents ans que le pays basque exporte du fer, de l'acier, des objets de fabrication métallique.

C'est surtout dans le Guipuscoa, à Villafranca, à Tolosa, à Hernani, à Placencia, etc., que les établissements métallurgiques sont nombreux ; en 1851, on y comptait quarante-sept forges ou fonderies, parmi lesquelles des manufactures royales d'armes à feu, et une fabrique de pointes. La même année, on y comptait trois papeteries, une fabrique de papiers peints, trois corderies, deux fabriques de toiles de lin, trois fabriques de toiles de coton, une fabrique de draps, neuf tanneries. L'Alava participe à cette activité. Une fonderie de fer a été installée près de Vittoria. En même temps qu'on reconnaissait à Etcharri, au delà d'Alsasua, des affleurements de plomb argentifère, on découvrait aux environs de Vittoria du cuivre, du plomb et des mines d'asphalte dont une compagnie française entreprend l'exploitation. Les usines accroîtront leurs travaux, dès que la houille anglaise ou asturienne, qui se décharge à Santander, à Bilbao, à Saint-Sébastien, et qui leur est amenée par des chars à bœufs, leur parviendra à bon marché.

Ce pays attend avec impatience les voies ferrées, auxquelles son génie alerte et opiniâtre empruntera de nouvelles excitations ; c'est lui qui a eu l'initiative du chemin du Nord il y a déjà plusieurs années, son zèle ne s'est pas refroidi.

Tout récemment, en décembre 1857, le Guipuscoa, afin d'accélérer l'exécution des travaux de ce chemin dans les Pyrénées, a traité avec la Société générale du Crédit mobilier espagnol. D'après l'arrangement conclu, la Société s'est obligée à achever en quatre ans au plus, en trois ans au moins, délai plus court que le délai autorisé, les sections d'Irun à Villafranca et à Zumarraya, qui mettront l'intérieur du canton en relation avec Saint-Sébastien et la frontière française ; de son côté, le Guipuscoa s'est obligé à verser en quatre ans et en dix termes, contre des titres provisoires d'actions ou d'obligations, une somme de 25 millions de réaux, qui sera portée à près de 40 millions de réaux de veillon, soit 10,526,000 francs. A peine la souscription a-t-elle été ouverte, toutes les classes de la société ont voulu faire acte de patriotisme en fournissant leur quote-part de la somme ; à l'heure qu'il est, la souscription est presque couverte. L'Alava n'est pas resté en arrière. Intéressée à la prompte construction du chemin de Vittoria à Miranda de Ebro, cette province a fait à son tour une convention par laquelle elle versera une somme de 8 millions de réaux, ou de 2,105,300 francs, qui sera prochainement souscrite. Le montant des versements du Guipuscoa et de l'Alava sera de 12,600,000 francs; ce chiffre a son éloquence.

Embranchements ibéro-cantabriques.

Mais ce pays ne serait pas complétement desservi, s'il n'était relié à la vallée de l'Èbre par les deux embranchements auxquels il a déjà été fait allusion, l'un de Bilbao à Tudela par Vittoria, l'autre d'Alsasua à Tudela par Pampelune, qui doivent de Tudela se prolonger jusqu'à Saragosse. Le premier est concédé à une société biscayenne, le second à M. Salamanca.

La Biscaye est le plus riche des trois cantons; son chef-lieu, Bilbao, en a été la ville la plus florissante et la plus dévouée à la conservation des *fueros*. C'est dans un bourg des environs que se trouve le chêne fameux de Guernica, sous lequel se tiennent les juntes générales du pays. Un seul Basque, dans le passé, a fait exception à cette aversion profonde de l'unité ; c'est le fondateur du jésuitisme, Ignace de Loyola, né dans une vallée voisine. Tel est le fanatisme des libertés locales qu'il n'y a pas plus de vingt ans Bilbao se liguait avec les représentants du despotisme monarchique, et soutenait un siége contre les défenseurs de la monarchie représentative. Le temps a dissipé ces malentendus ; il est clair aujourd'hui que le régime de la liberté pour tous n'est oppressif pour personne.

On sait que Bilbao fait de bonnes affaires. Sur les 67,901,000 francs de son commerce en 1855, il y a 49 millions et demi pour la grande navigation, seulement un peu plus de 18 millions pour le cabotage ; il prime Valence, Alicante, Carthagène, Malaga, et vient après Santander.

La ville, peuplée de 15,000 âmes, est à deux lieues de la plage ; le port est à l'embouchure de la Nervion, où l'on a disposé un bassin pour des navires d'un tonnage moyen. De ce port artificiel, nommé Portugalète, à Bilbao, le fleuve a sur chaque rive des jetées pour l'amarrage des petits bâtiments et des chantiers de construction. On projette de relier la ville et le port par un chemin de fer. Ses pêcheries sont productives; ses saumures, fabriquées en grand, s'expédient dans la Navarre et l'Aragon avec les morues importées par l'Angleterre et la France. Ses bains de mer sont fréquentés. Sans passer sous silence ses tanneries, ses fabriques de cordages et de câbles, ses savonneries, ses manufactures de cristaux et de faïence, notons une belle usine à fer installée près de ses murs, avec des machines tirées de l'Angleterre. A 12 kilomètres dans l'ouest et à une lieue de la côte, la mine de Somorostro, dont le fer est l'un des plus malléables de l'Europe, s'exploite à ciel ouvert sur 2,000 mètres de long, 1,000 de large, 250 de haut. C'est une propriété banale qui fournit par an plus de 40,000 tonnes de minerai aux forges des Asturies, de l'Alava, du Guipuscoa.

L'embranchement profitera à la Biscaye; il profitera aussi à la partie la plus orientale de la Vieille-Castille, qui longe l'Èbre entre Miranda et Tudela. C'est le canton de la Rioïa, réputé pour ses vins, ses fruits, ses céréales et ses lins, occupant la rive droite en face de la Navarre, qui descend jusqu'à la rive gauche. Entre les deux villes de Calahorra et de Logrono, on a découvert de la houille et du bitume, à Prejano, à Turrucun, à Ventas-Blancas; il y a près de Logrono une usine à fer et une fabrique de toiles à voiles; en Navarre, près-de Lodosa, une mine de sulfate de soude est exploitée par une compagnie française.

La Navarre, favorisée par l'embranchement de Tudela à Vittoria et à Bilbao, ne le sera pas moins par l'embranchement d'Alsasua à Pampelune, Tudela et Saragosse. Elle a des forêts, des pâturages, du gros bétail; mais, quoique elle produise du vin, des céréales et même de l'huile, elle a besoin de s'approvisionner au dehors; ses vallées et ses plaines sont réduites par les ramifications pyrénéennes; ses parties les meilleures sont celles qui avoisinent l'Èbre. Tudela est entourée de plantations d'oliviers et de champs de froment; ses vins ont le bouquet de nos vins de Bourgogne. La population est de 300,000 habitants, d'allure vive et d'humeur laborieuse. Le commerce maritime, par Bilbao et Saint-Sébastien, s'ajoutera à son commerce de terre, qu'on peut apprécier d'après un mouvement annuel de 50,000 tonnes entre Pampelune et Bayonne; son industrie métallurgique, à laquelle les minerais de fer ne feront pas faute, complétera celle des cantons basques.

Jusqu'en 1512, cette province comprenait les deux versants des Pyrénées. Délivrée des Maures par les successeurs de Charlemagne, elle avait formé un État sous la lignée française que nous avons vue donner des rois à la Castille; au treizième siècle, elle passa successivement à des branches collatérales de la famille royale de France; la dernière fut celle des Bourbons. Cette maison, dépouillée de la partie de la Navarre qui est située sur le versant méridional, acte de spoliation commis en 1512 par Ferdinand V, a ensuite donné des rois à la monarchie espagnole, comme la maison de Navarre, dont elle avait recueilli les droits. Or, il a été dit que la couronne d'Aragon fut portée dès le douzième siècle par les comtes français de Barcelone; qu'il nous soit donc permis de le faire encore une fois observer, l'affranchissement des populations indigènes et le progrès de la nationalité ne datent, en Aragon et en Castille, que des deux royautés françaises; cette nationalité, on le sait de reste, ne s'est définitivement constituée que sous une

14.

troisième royauté française, les Bourbons. C'est en ce
sens qu'on a pu prétendre que la dynastie autrichienne
n'était qu'un épisode dans l'histoire du royaume. Si
on se rappelle qu'à son tour la France reçut deux
reines immortalisées par leur intelligence des intérêts
publics, Blanche de Castille et Anne d'Autriche, de
l'Espagne qui a vu naître tant de femmes supé-
rieures, il faut l'avouer, les présages n'ont pas
manqué à l'alliance de ces deux nations sœurs; et
pourquoi se refuserait-on à reconnaître que cette
alliance, irrévocablement cimentée par leurs sympa-
thies mutuelles, a un gracieux symbole dans l'impé-
ratrice Eugénie?

Revenons au chemin du Nord. Ce chemin, avec
les deux embranchements ibéro-cantabriques qui de
droite et de gauche s'adapteront à son tronc dirigé
vers la frontière, sera une espèce de confluent de la
vallée de l'Èbre, de la vallée du Douero, de la mer
cantabrique.

On l'a dit avec une familiarité expressive, *le chemin
du Nord tient le goulot de l'Espagne,* et ce goulot
surmonte à la fois les bassins de deux grands fleuves
et un golfe. C'est sur le trajet même de cette ligne

que s'opère une double jonction de la Méditerranée et de l'Océan : à Vittoria par l'embranchement de Bilbao et de Tudela, à Alsasua, point en communication avec Saint-Sébastien, par l'embranchement de Pampelune et de Saragosse. Bilbao et Saint-Sébastien seront plus régulièrement que par le passé des ports de l'Aragon, aussi bien attitrés que Barcelone et les Alfaques. Barcelone aura intérêt même, au lieu de faire arriver dans sa rade par le détroit de Gibraltar ses 20 millions de kilogrammes de coton, à se les faire adresser, avec une réduction de fret et de temps, à Saint-Sébastien et à Bilbao, qui les lui feront parvenir par leurs embranchements. Le mouvement des frontières de terre ne s'accroîtra pas moins. Le commerce de Saragosse avec la France use fréquemment de la voie de l'Èbre, des Alfaques et des ports français de la Méditerranée, faute d'autres voies économiques ; il sera désormais attiré vers la Bidassoa et Bayonne. La conclusion, c'est qu'en raison des circonstances topographiques, le chemin du Nord, instrument d'échanges si avantageux sur le plateau, sera plus avantageux encore sur ce terrain rétréci où l'Espagne du nord-ouest et l'Espagne du nord-est s'abouchent pour une entrée commune en France. Aucun autre chemin n'aura une telle généralité de services et n'embrassera, directement ou indirectement, une sphère d'activité aussi large ; nous ne disons rien des relations politiques.

La confiance des cantons basques dans les voies ferrées ne sera pas déçue. Vittoria, jolie ville rebâtie à neuf et peuplée de 13,000 âmes, réalisera une brillante destinée commerciale en devenant le point d'intersection du chemin du Nord et de l'embranchement de Bilbao à Tudela. Bilbao sera sur l'Océan le premier port du bassin de l'Èbre ; Saint-Sébastien en sera le second.

Les relations de Saint-Sébastien sont avec les colonies espagnoles, l'Angleterre et la France, où ses caboteurs fréquentent Bayonne, Bordeaux, Nantes. La ville, de 10,000 âmes, est à l'embouchure de l'Urumea. Le port, bien abrité par deux môles, ne peut recevoir que des bâtiments d'un tonnage médiocre et en nombre restreint ; pourtant il a une vieille notoriété commerciale. Vers la fin du quatorzième siècle, les négociants du Guipuscoa et de la Biscaye avaient des comptoirs dans la mer d'Azof ; au dix-huitième siècle, ils formèrent la compagnie du Caraccas et du Guipuscoa, réunie ensuite à celle des Philippines, ayant pour objet de procurer à l'Espagne du cacao et du sucre sans l'intermédiaire onéreux des étrangers; Saint-Sébastien était le siége de ces opérations et avait son entrepôt au port du Passage. De nos jours, il y a quelques années à peine, le total de ses importations et de ses exportations n'était que de 6 à 7,000 tonneaux par an; mais il y a une progression accusée par le chiffre de 14 à 16,000 tonneaux en 1853 et 1854, par celui de 41,240 tonneaux en 1855, année où la valeur totale de son trafic a été de près de 18 millions. Ce port reçoit annuellement 8 à 9,000 tonnes de houille d'Angleterre ou des Asturies, qu'il expédie dans l'intérieur pour les besoins de l'industrie; il y expédie pareillement du poisson, dont il se pêche chaque année 6 à 7,000 tonnes sur le littoral du Guipuscoa seulement. Ajoutons que l'excellente disposition de sa plage y attire une partie de la clientèle des bains de mer.

A quelques lieues de Saint-Sébastien, au fond même du golfe de Gascogne, est le Passage, port de premier ordre, spacieux, abrité, sans autre inconvénient qu'un chenal étroit. Le bassin est à peu près comblé. Toutefois, des chantiers de construction y ont été établis, des flottes y ont mouillé. C'est d'ici que partit, en 1595, par ordre de Philippe II, une escadre de seize bâtiments qui alla débloquer la citadelle de Blaye assiégée par les troupes de Henri IV, qui remonta la Gironde jusqu'à Bordeaux ; en 1638, le prince de Condé y prit assez de vaisseaux pour former un trophée de cent cinquante pièces de canon. Tels en sont les avantages, que Napoléon Ier en convoita la possession pour la France, qui sur cette partie de ses côtes n'a que Bayonne ; il se proposait d'améliorer un port que le Guipuscoa n'avait pas été assez riche pour utiliser, que l'Espagne avait été trop pauvre pour ne pas laisser dépérir. Tout récemment, l'empereur Napoléon III le visitait. Le chemin du Nord aidant, les améliorations napoléoniennes s'y accompliront ; autant que possible, le rail s'approchera des débarcadères, et l'on verra au bout de quelques années une cité nouvelle surgir sur cette plage abandonnée. Peut-être ce port n'aura-t-il toute sa valeur que du jour où les deux nations, non contentes d'avoir abaissé les Pyrénées, aboliront leurs douanes ; le libre échange le donnera à la France sans l'ôter à l'Espagne, ce sera alors l'un des plus riches entrepôts de l'Europe.

La station finale est le bourg d'Irun, où se trouvent encore quelques usines métallurgiques. Vers l'embouchure de la Bidassoa est la petite île des Faisans, surnommée l'île de la Conférence depuis la négociation du traité des Pyrénées en 1659, appartenant par moitié aux deux États; ce témoin de leur réconciliation est à moitié rongé par les flots, sans doute ils ne laisseront pas périr le chétif îlot au moment où ils percent les Pyrénées. D'Irun à Bayonne, il y a 34 kilomètres, sans difficultés extraordinaires de construction, exécutables en deux ans, moyennant 12 millions. Mais est-ce ce chemin qui se fera? Sera-ce le chemin des Aldudes, qui coûterait 40 millions? La question a été posée, elle ne saurait être écartée sans discussion.

Chemin des Aldudes.

Ce chemin partirait de Bayonne; par un trajet hardi dans cette portion des Pyrénées qui se nomme les Aldudes, il atteindrait Pampelune, d'où il irait se raccorder à Saragosse avec la ligne de Madrid. C'est la Navarre qui, avant la concession de la ligne du Nord, avait imaginé ce chemin de traverse à son usage; d'autres intérêts, étrangers à l'Espagne, se sont emparés de cette conception. Selon leurs prétentions, le chemin du Nord demeurerait tronqué à Irun; pour se lier à Bayonne, ce qu'il pourrait faire par une addition de 34 kilomètres, il devrait, à 98 kilomètres de la frontière française, jeter un embranchement d'Alsasua à Pampelune, pour s'y accommoder du chemin des Aldudes. Le complément normal d'une ligne magnifique serait donc mis à néant, et le monopole des communications entre la France et l'Espagne dévolu à un parcours excentrique.

Il y a entre l'Espagne et la France deux voies indiquées par la nature même, pratiquées de temps immémorial : l'une de Perpignan à Barcelone par la Junquera ; l'autre de Bayonne à Vittoria par la Bidassoa, Irun, la dépression d'Alsasua. C'est à ces deux voies évidemment qu'appartient la priorité pour la pose du chemin de fer, et elles suffiront longtemps à deux pays dont le commerce par terre et le commerce par mer sont jusqu'à présent dans les rapports de 30 et de 70 pour 100. Le passage des Pyrénées sur tout autre point tournerait peut-être à la gloire de l'art; mais le résultat serait sans proportion avec les sacrifices et les dommages qu'il occasionnerait.

Admettons que le trajet de Bayonne à Madrid par les Aldudes, Pampelune et Saragosse, soit plus court de deux heures environ que par Alsasua, Vittoria, Burgos et Valladolid; l'abréviation aurait son prix si Madrid et la contrée adjacente exigeaient les moyens les plus prompts d'écouler et de recevoir. Cette exagération mise de côté, à qui donc ce chemin profiterait-il presque exclusivement? Au trafic spécial de Saragosse et de Pampelune avec Bayonne. Et à qui nuirait-il? Au trafic du Léon, de la Vieille-Castille, des Asturies, de la Galice, du pays basque, qui représentent plus de cinq millions d'habitants. Ces populations auraient 10 kilomètres de plus à faire; d'Alsasua à Bayonne par la Bidassoa, le parcours ne serait que de 132 kilomètres, dont 98 d'Alsasua à Irun, et 34 d'Irun à Bayonne; par Pampelune, le parcours serait de 142 kilomètres, dont 34 pour un embranchement d'Alsasua à Pampelune, 108 pour le chemin des Aldudes. Mais ce surcroît de 10 kilomètres est moins à considérer que la lenteur exceptionnelle du transport; sur plusieurs points, il faudrait jumeller les locomotives, réduire la charge du convoi, et la difficulté de l'exploitation équi-vaudrait à un nouveau surcroît de kilomètres. Où serait la raison de léser le trafic de ces populations entre elles et avec la France pour privilégier le trafic de Saragosse et de Pampelune avec Bayonne? Serait-ce la peine de dépenser 28 millions de plus?

Satisfaction est donnée à Pampelune et à Saragosse; leurs communications avec la France et les ports basques sont assurées, et la concession des deux embranchements ibéro-cantabriques est une fin de non-recevoir opposée par le gouvernement espagnol au projet des Aldudes.

On n'imaginera pas que ce gouvernement se soit alarmé, parce que le chemin était dénoncé comme une voie stratégique menaçant l'indépendance de sa nation; il a fait simplement acte de justice. Après avoir concédé à une compagnie le droit et la mission d'organiser des relations par le plateau supérieur de la région centrale, le pays basque, la Bidassoa, il ne pouvait pas l'arrêter court aux portes de la France, en ouvrant complaisamment les portes de l'Espagne à une concurrence qui eût été la maîtresse du passage des

Pyrénées. D'ailleurs les esprits éminents de l'Espagne savent les conséquences de la donnée si féconde du chemin du Nord. C'est plus qu'une bonne ligne; avant peu, ce sera le réseau fructueux du nord-ouest du royaume, de la Péninsule même, et personne de l'autre côté des Pyrénées n'aura jamais l'idée de substituer au chemin d'Irun à Bayonne, complément naturel du réseau, un supplément postiche et hasardeux. Lorsque la ligne sera terminée, la France jugera à propos sans doute d'enlever aux diligences et au roulage un parcours de 8 lieues entre les chemins de fer de l'Espagne et les chemins de fer de l'Europe.

Revenu.

Voyons maintenant ce que vaut l'affaire. Avant de présenter cette évaluation, nous dirons où en sont les travaux.

La compagnie puissante à laquelle le chemin du Nord a été concédé n'a pas voulu que l'exécution souffrît d'une crise financière qui ajournait un appel de fonds; sans autre concours que la subvention de 54 millions, elle s'est mise résolûment à l'œuvre. L'avant-projet des ingénieurs espagnols a été étudié jusque dans les moindres détails, les travaux ont été entamés dès le printemps de 1857.

Dans la section de Madrid à Valladolid, entre Madrid et l'Escurial, les terrassements sont attaqués sur toute la longueur; — des puits ont été creusés, des galeries ont été pratiquées pour préparer le percement du Guadarrama; — entre Avila et Villadolid, sur le plateau, 107 kilomètres n'attendent plus que la pose des rails, ils sont reçus par l'administration; 24 autres kilomètres sont presque terminés. Et partout les ouvrages d'art sont ébauchés. Les fondations du pont sur le Mançanarès sortent de l'eau; le viaduc d'Arevalo grandit dans de remarquables proportions; les affluents du Douero et ce fleuve montrent les piles de leurs ponts, soit sur cette première section, soit de Valladolid à Irun, sur la deuxième section. Ici des tranchées de longue haleine sont entreprises. L'embranchement d'Alar avance; afin de hâter les communications du bassin du Douero avec Santander, on se propose de le rendre exploitable pour la fin de cette année. Il y a en ce moment même dans ces chantiers divers près de 10,000 ouvriers, dont 6,820 sont attachés à la première section. Pendant la campagne de 1858, le passage de la France et de l'Espagne sera attaqué dans les Pyrénées du Guipuscoa.

Pour compléter ce qui précède, ajoutons que, sauf les terrassements les plus importants et les ouvrages d'art, la ligne ne se construit que pour une voie. Il n'y a d'opérations sérieuses qu'au passage du Guadarrama et des Pyrénées. Sur 723 kilomètres, 99 sont difficiles, 274 d'une difficulté ordinaire, 350, en plaine, d'une facilité extraordinaire. Compensation faite, les conditions de l'exécution sont normales. Les matériaux sont sous la main. Les bois des traverses seront tirés en partie des forêts du Guadarrama et des monts Cantabres. L'entrée des matériaux de toute nature et du matériel est franche de droits de douane, même en ce qui concerne les besoins de l'exploitation, pendant dix années. La cession des terrains du domaine public est gratuite, l'acquisition des terrains particuliers peu coûteuse. La main-d'œuvre s'offre d'elle-même. Deux ingénieurs des ponts et chaussées de France, MM. Fournier et Letourneur, se partagent les travaux, dont la direction est confiée à M. Bommart, ingénieur en chef du même corps, qui a déjà

15.

fait ses preuves dans la construction des chemins du Midi.

Tout marche sans lenteur. Six mois après le jour où les actionnaires auront été appelés, 2 à 300 kilomètres pourront être mis en exploitation ; la répartition d'un dividende suivra de près le versement des fonds. Peu d'affaires ont été conduites avec autant de vigueur et d'habileté, avec une coopération aussi efficace de la part des populations.

La dépense comprendra la subvention du gouvernement, soit 54,247,322 francs, plus 150 millions qui doivent être appelés. La répartition de la subvention entre les 723 kilomètres attribue 75,000 francs à chaque kilomètre ; la répartition des 150 millions, distraction faite de quelques millions pour l'achat et l'exploitation des mines de houille, y ajoute 203,000 francs ; le kilomètre ressort à 278,566 francs. Cette somme suffit aux frais d'administration, à un intérêt de 6 pour 100 durant la construction, et ne risque pas d'être dépassée.

Cela dit, voici le rappel et la récapitulation de tous les éléments du trafic espagnol que le chemin du Nord fera circuler à l'intérieur ou dirigera vers les ports et les frontières :

Les grains et les farines du Léon, de la Vieille-Castille, de l'Estremadure ; — les laines de ces trois provinces et de l'Aragon ; — les garances ; — les vins et les huiles du plateau, de l'Aragon, de la Navarre ; — le gros bétail, les chevaux, les mulets des Asturies et de la Galice ; — les produits des pêcheries du littoral cantabro-lusitanique ; — les bois de construction, les pierres, le plâtre, les marbres, le granit du Guadarrama, de la chaîne cantabrique, de la cordillère ibérique ; — les houilles asturiennes et léonaises ; — les minerais de fer, de plomb, de cuivre, de calamine, d'étain, etc., et les objets de fabrication métallique du plateau, du pays basque, des Asturies et de la Galice ; — les asphaltes et les sulfates de soude ; — les objets manufacturés en laine, coton, lin, chanvre, soie ; — les produits des papeteries, tanneries, verreries, raffineries, etc. ; — les fruits et les primeurs provenant des provinces méridionales par Madrid.

Les éléments du trafic extérieur, entrant par terre ou par mer, seront :

Les fils et tissus de coton, de lin, de chanvre ; — les merceries ; — les machines et mécaniques, les outils et ouvrages en métaux, les instruments de précision ; — l'horlogerie, l'orfévrerie, la bijouterie ; — les livres, papiers, cartons ; — les peaux ouvrées ; — les mules et mulets ; — les morues ; — les houilles ; — le sucre, le café, le cacao, le tabac, le coton, le bois de campêche, etc.

Le commerce colonial de l'Espagne n'est pas assez remarqué. En 1855, Cuba et Porto-Rico y ont expédié 64,392 tonnes et en ont reçu 97,796 ; mais ce total de 162,239 tonnes sera dépassé, s'il ne l'est déjà. Qu'on juge de la valeur de ces îles. Le trafic général de Cuba par an est de 347 millions de francs au moins ; celui de Porto-Rico de 53 millions ; la première a plus de 945,000 habitants, dont 472,000 blancs et 155,000 personnes de couleur ; la seconde a 500,000 habitants, sur lesquels il n'y a que 50,000 esclaves. Quant aux Philippines, quoique leur commerce n'excède pas 20 millions, cet archipel, qui contient 2,500,000 indigènes, deviendra opulent et civilisé, envié peut-être à cause de sa situation dans les parages de la Chine. Or, plus l'Espagne demandera à ses îles, plus elle participera à leur approvisionnement, plus il y aura profit pour le chemin du Nord et ses embranchements. Les relations de la métropole et de ses colonies ont naturellement leur siége principal dans les ports de l'Océan, Cadix, Séville, Vigo, la Corogne, Santander, Bilbao, Saint-Sébastien, et elles s'y fixeront aussitôt que le réseau facilitera la répartition des importations dans le royaume, l'arrivée des matières d'exportation dans les ports. En outre, l'un des retours obligés des denrées coloniales est la farine, que l'Andalousie et la Vieille-Castille ont de première main ; les raffineries, d'ailleurs, se grouperont auprès des gîtes houillers. Et n'est-ce pas là aussi que se concentreront les échanges de l'Espagne et de ses anciennes possessions? Cette dévolution de la navigation avec l'Amérique et l'Asie aux ports de l'Océan est dans l'ordre des prévisions les plus autorisées ; les ports du Nord seront privilégiés en raison de leur contact avec les territoires les plus populeux.

Après les marchandises, regardons aux voyageurs.

Les six départements traversés par le chemin du Nord en France comptent 3,500,000 habitants ; les provinces desservies par le chemin du Nord en Espagne, Léon, Vieille-Castille, cantons basques, Asturies et Galice, en comptent 5,177,272, auxquels s'en ajoutent 475,028 pour Madrid et sa banlieue ; à s'en tenir à ces chiffres officiels, qui sont notoirement affaiblis, c'est une agrégation de 5,652,000 habitants, soit le tiers de la population du royaume. Une partie a la mobilité des professions industrielles et commerciales ; une autre a des habitudes d'émigration annuelle ; ceux-ci font des excursions aux bains de mer de la plage cantabrique, ceux-là aux eaux minérales, dont nous citerons seulement les eaux d'Armedillo près de Calahorra, en Vieille-Castille, rivales de celles de Baréges ; les eaux réputées de Mondragon et de Betelu dans le Guipuscoa, et, en Galice, les eaux thermales d'Orensé et de Lugo, fréquentées par les Romains.

Il va de soi que les embranchements ibéro-cantabriques procureront pour des directions diverses les voyageurs de l'Aragon et de la Navarre, qui ont ensemble 1,180,529 habitants, et, tant que Barcelone ne sera pas reliée à Perpignan, tout Espagnol voulant se rendre en France par terre n'aura que le chemin du Nord pour route, sans autre choix que celui de l'embarcadère.

En même temps, les allées et les venues entre la mère patrie et les colonies se multiplieront avec leurs échanges. Une population blanche ou libre de 900,000 âmes, à Cuba et à Porto-Rico, fournira tous les ans son contingent aux voies ferrées de la métropole. Dès que ces voies seront bout à bout des voies continentales, les paquebots transatlantiques feront probablement escale en Galice, pour la commodité des voyageurs à destination ou en partance de l'Espagne, pour celle des autres voyageurs qui voudront y quitter ou y prendre la mer, afin de retrancher de leur traversée la navigation le long des côtes de France. Vigo ou la Corogne sera préféré à Cadix à cause de la facilité des rapports avec Hambourg, Southampton, le Havre, Nantes et Bordeaux, qui ont ou auront bientôt un service de bateaux à vapeur en Amérique. Dès à présent, c'est par la Corogne que correspondent le gouvernement et les établissements d'outre-mer.

Enfin, il faut tenir compte de l'apport du Portugal, qui ne peut communiquer avec l'Europe continentale sans passer par l'Espagne. Sur quel point? C'est encore un problème. Le trajet le plus direct est impraticable; la vallée du Douero, étroite et abrupte sur le versant lusitanique, ne comporterait pas la prolongation jusqu'à Oporto de l'embranchement projeté entre Valladolid et Zamora. Quant au chemin de fer qui doit relier Lisbonne et Madrid par la vallée du Tage, le détour par Madrid serait forcé et ne serait pas abréviatif. Ne vaudrait-il pas mieux, puisqu'une voie ferrée se construit entre Lisbonne et Oporto, la continuer jusqu'en Galice, où elle se raccorderait avec l'embranchement de la Corogne sur Valladolid? Rien ne sera plus méritoire que les chemins de fer hispano-lusitaniques qui consommeront l'union économique du Portugal et de l'Espagne ; à cette heure, l'intérêt urgent est de rattacher à l'Europe, conformément à leurs vœux, une nation de 3,500,000 âmes, une capitale, Lisbonne, qui en a 260,000, et une place commerciale, Oporto, qui en a 90,000 ; le chemin du Nord serait bien alors le réseau du nord-ouest de la Péninsule.

Voulons-nous à présent considérer les voyageurs venant d'Europe? S'ils partent des États du Nord et du Centre, il afflueront au chemin du Nord par la Corogne, Santander, Bilbao, Saint-Sébastien, ou par les voies ferrées de la France. Ce chemin les transmettra aux lignes de l'Est et du Sud, qui lui transmettront à leur tour les voyageurs arrivés par la Méditerranée et l'océan méridional. Tous les ans, affaires à part, des motifs de curiosité et de santé amènent autour du bassin de la Méditerranée, sous les climats embaumés du Midi, sur les terres peuplées de souvenirs, une migration polyglotte de 8 à 900,000 personnes; l'Espagne sera visitée dès qu'elle aura des chemins.

Le soleil et les orangers de l'Espagne n'ont-ils pas la vertu curative du soleil et des orangers de l'Italie? Rencontre-t-on ailleurs, sur le même territoire, une réunion plus diversifiée de formes végétales? Selon que vous montez ou descendez, la décoration change. Trois heures de chemin de fer vous mettront de l'Afrique et de l'Asie en Europe, et réciproquement. Les Pyrénées ibériennes et cantabriques ont leurs paysages alpestres comprenant le pâturage aux eaux courantes, la zone verte des châtaigniers et des chênes, la bande des sapins à la verdure brune, la couche immobile de neige, et elles protégent de leurs sommets, elles enveloppent de leurs ramifications et de leurs replis, ainsi que les chaînes qui s'y rattachent, de charmantes oasis et des jardins d'Orient, comme si elles se nommaient le Taurus, le Liban ou l'Atlas. Vous plaît-il de parcourir un sol où à chaque pas vous puissiez étudier une page d'histoire et relire des noms fameux? Les villes, les fleuves, les montagnes, les plaines, promettent de nombreuses récréations à votre érudition ancienne et moderne. Êtes-vous amateurs des restes de l'antiquité? Le pont de Salamanque sur la Tormès, l'aqueduc de Ségovie, le tombeau des Scipions à Tarragone, le cirque de Sagonte, etc., sont bien de la main de Rome qui a semé d'autres ouvrages dont vous interrogerez les ruines. N'espérez que peu de vestiges carthaginois et phéniciens; mais vous trouverez rassemblés des monuments de l'art chrétien et de précieux échantillons de l'art musulman. L'Alhambra, cette merveille fragile d'une grâce délicate et raffinée, est toujours sur les montagnes de Grenade, flanqué par Charles-Quint d'un palais massif inachevé. La mosquée de Cordoue demeure sous la croix l'un des modèles de l'architecture arabe; sa forêt de mille colonnes vaut un pèlerinage. Pourtant à Tolède, à Séville, à Burgos, à Léon, à Santiago de Compostelle, le type de la cathédrale gothique, absent de l'Italie, se montre avec les nefs spacieuses, les portails majestueux, les flèches aériennes, les sculptures en dentelle que Bourges, Paris, Reims, Strasbourg, Mayence égalent et ne surpassent pas. Et la renaissance n'a pas été bannie de cette terre fermée à la réforme, témoin l'Escurial, l'Alcazar de Tolède, les cathédrales de Salamanque et de Valladolid, etc.; témoin les toiles de Murillo, de ses maîtres et de ses émules, qui ne le cèdent qu'aux chefs-d'œuvre des écoles de Venise et de Rome. Par-dessus toutes ces choses, peut-être, un spectacle in-attendu vous saisira d'une émotion pénétrante. C'est une nation de laquelle on sait peu de chose à cette heure, qui n'a pas actuellement le souci de faire parler d'elle; capable d'aimer passionnément le bruit et de se satisfaire du silence, se jugeant toujours égale à elle-même; vous arriverez en croyant la voir drapée d'un manteau troué, accroupie au soleil, dormant; vous la verrez debout, marchant, travaillant, jalouse de marquer sa place parmi les peuples producteurs de l'Europe, et vous sympathiserez avec ce déploie-ment de vitalité d'une noble race humaine.

Il est une dernière catégorie de voyageurs auxquels le chemin du Nord sera utile, ce sont les voyageurs entre la France et l'Algérie. D'Alicante ou de Cartha-gène à Oran, la traversée ne sera que de six à huit heures; elle est de trente-huit à quarante heures de Marseille à Alger. Cette voie sera surtout adoptée lorsque Oran et Alger seront reliés. La construction des chemins de fer algériens ne saurait être différée; ce sont d'excellents instruments de colonisation, puisqu'ils exportent les produits et importent des producteurs; après l'avoir décidée par un décret, l'Empereur a ordonné de faire exécuter par des travailleurs militaires le chemin d'Alger à Blidah, tête de la ligne d'Alger à Oran.

Une circulation considérable en voyageurs et en marchandises est donc réservée au chemin du Nord, sans qu'il lui en échappe rien; les voies ferrées de l'Espagne, exemptes de la concurrence des canaux et des routes, ont un monopole. Prenons un exemple. La ligne de Madrid à Alicante, la seule qu'on puisse citer, parce que jusqu'à présent il n'y a que des tronçons en dehors d'elle, a donné, pour 276 kilomètres exploités de Madrid à Albacète, un rendement brut de 18,000 francs par kilomètre en 1856, de 27,000 francs en 1857. C'est par jour une moyenne de 76 francs, de 50 francs au-dessous de la moyenne des chemins de fer français, mais égale à celle de la ligne de Paris à Lyon, en 1849, lorsque cette ligne n'était ouverte que sur 265 kilomètres. Si l'on compare les milieux traversés, la parité est incroyable ; ce qui l'explique, c'est que la ligne française avait de redoutables concurrences à vaincre, et que la ligne espagnole n'en a pas eu. Ainsi, le chemin du Nord absorbera tous les transports ; si l'on s'en réfère à la précédente comparaison de la situation économique du plateau inférieur de la région centrale avec celle du plateau supérieur, son rendement brut immédiat sera d'environ 50,000 francs par année, soit par jour 136 francs par kilomètre. Eh bien, cette présomption est d'accord avec les données de l'enquête minutieuse des agents de la Société générale du Crédit mobilier espagnol sur la quotité de la circulation actuelle par les voies et moyens existants.

Cependant on a jugé convenable de ne pas se prévaloir de la réalité, de l'abaisser plutôt que de paraître la surfaire. Les supputations basées sur l'enquête ont été rabattues au taux le plus modéré, et, malgré de sévères réductions, on estime que le chemin donnera, dès les premières années, un revenu brut de 43,565 francs par kilomètre, cela est solidement justifié. Les frais d'exploitation auraient pu être limités à 45 pour 100, la houille étant à portée et à bon marché ; toutefois, à cause de l'obligation de former le personnel, ces frais ont été fixés à 50 pour 100. Le revenu net par kilomètre sera donc de 21,782 fr., et, pour les 723 kilomètres de la ligne, de 15,748,992 fr. Le capital appelé étant de 150 millions, le produit sera de 10 et demi pour 100. La part des actions s'élèvera même à 12 trois quarts pour 100, si un tiers du capital est émis en obligations.

L'augmentation du revenu, après quelques années d'une exploitation intelligente, ne saurait être mise en doute ; elle ne motiverait un abaissement des tarifs, qui doivent être revisés tous les cinq ans, que dans le cas où le revenu dépasserait 15 pour 100.

Ainsi le chemin du Nord, grâce aux circonstances exceptionnelles de son parcours, de ses embranchements et de ses débouchés, présente une certitude exceptionnelle de bénéfices. Cela est certifié par la première liste des souscripteurs. Du jour au lendemain, les populations du Guipuscoa et de l'Alava, de 260,000 âmes tout au plus, ont ramassé plus de 10 millions de francs pour les confier à la fortune de ce chemin ; les vieux commerçants des vallées de l'Èbre et du Douero savent ce qu'ils font. Leur exemple sera imité. Il faut se féliciter de ce qu'une ligne internationale si importante soit en même temps l'une des affaires de chemins de fer qui, à cette heure, offrent le plus d'avantages et le plus de garanties. Son exécution ne semble pas devoir être contrariée par la situation financière actuelle, son prompt achèvement profitera à l'extension des relations commerciales de la France et de l'Espagne, dont elle sera le TRAIT D'UNION.

CONCLUSION.

I.

La liste des chemins de fer exploités, en construction ou concédés, se place naturellement à la suite de cet examen du réseau en 1858 ; le maintien de la classification précédente aidera à la clarté.

1° Ligne du Nord.

De Madrid à Irun, 633 kilomètres ; embranchement d'Alar, 90 kilomètres ; embranchement de Bilbao à Tudela par Vittoria, 233 kilomètres ; embranchement d'Alsasua à Saragosse, 295 kilomètres.

Chemin d'Isabelle II, d'Alar à Santander, 126 kilomètres.

Chemin de Sama de Langreo à Gijon et de Gijon à Oviédo, 49 kilomètres.

Total : 1,426 kilomètres.

2° Ligne de Barcelone.

De Madrid à Saragosse, 360 kilomètres; de Barcelone à Saragosse, 320 kilomètres.

De Barcelone à Mataro et Arenys-de-Mar, 86 kilomètres; à Martorell, 27 kilomètres; à Sarria, 5 kilomètres; à Granollers, 29 kilomètres.

De Granollers à San-Juan de las Abadesas, 110 kilomètres.

De Tarragone à Valence, 280 kilomètres.

De Tarragone à Reuss, 16 kilomètres; de Reuss à Lerida par Montblanch, 130 kilomètres.

Total : 1,313 kilomètres.

3° Ligne d'Alicante.

De Madrid à Alicante, 453 kilomètres; embranchement de Tolède, 25 kilomètres; embranchement de Valence, 131 kilomètres.

Total : 609 kilomètres.

4° Ligne de Cadix.

De Sainte-Marie à Cadix, 31 kilomètres; de Sainte-Marie à Xérès, 27 kilomètres; de Xérès à Séville, 104 kilomètres.

De Séville à Cordoue, 130 kilomètres.

De Cordoue à Espiel-y-Belmez, 111 kilomètres.

Total : 403 kilomètres.

C'est un total général de 3,761 kilomètres, revenant l'un dans l'autre à 200,000 francs, soit un capital de 752,200,000 francs, qui sera prochainement consacré à la viabilité espagnole. A mesure que ces tracés s'exécutent, d'autres tracés s'étudient, et dans quelques années le réseau complet sera construit.

Notons en sus l'installation de trente-quatre lignes de télégraphie électrique d'une longueur de 6,491 kilomètres;

La canalisation de l'Èbre;

Et un canal de 70 kilomètres, s'achevant en ce moment même, qui prend les eaux de la Boltoya, sur le plateau de la Vieille-Castille, et les amène à Madrid.

Maintenant que pourrions-nous ajouter aux détails de notre exploration? On a vu que l'Espagne a des forêts, des pâturages, des bestiaux, des céréales, du vin, de l'huile, de la laine, de la soie, du lin, du chanvre, du coton, des plantes tinctoriales, des fruits de toute espèce ; elle a du fer, du cuivre, du plomb, de l'étain, du zinc, de l'argent, du mercure, de l'antimoine, du lignite, du charbon de terre, du cobalt, du sel gemme, du soufre, du sulfate de soude, etc., et il a été extrait de ses mines en 1854 jusqu'à 224,890 tonnes ; elle a 2,430 kilomètres de côtes répartis entre la Méditerranée et l'Océan, des pêcheries de thons et de sardines, des ports de cabotage et de grande navigation qui lui ont naguère assuré la prépondérance maritime. Que lui manque-t-il pour être au rang des États producteurs et commerçants les plus renommés ? Des chemins ? Ils se font. Du crédit ? Elle en trouve. Des bras ? Si elle n'en a pas assez, elle en appellera par un système libéral de colonisation. Déjà, dans plusieurs de ses exploitations, des Français, des Anglais, des Allemands et des Belges figurent à titre de contre-maîtres, d'ingénieurs, de directeurs, d'associés. Rien ne lui manque plus si elle a la passion de faire fructifier ses trésors, et sur tous les points l'activité se déploie ou l'élan est donné.

La nation est au travail, le gouvernement de la reine Isabelle II est invariable dans sa sollicitude pour les affaires; c'est le trait caractéristique de sa politique. Tous veulent la régénération matérielle du pays qu'on aspire à venger des imputations dont il a été si longtemps l'objet ; c'est tout à la fois une question de bénéfices et d'honneur. Le renouvellement de la grandeur nationale résultera de l'affermissement de la prospérité publique; avec une population qui peut s'élever rapidement de 17 à 30 millions d'âmes, l'Espagne redeviendra une puissance de premier ordre.

II.

« Cela étant, serait-il interdit de prévoir que tôt ou tard la Péninsule ibérique et la Péninsule italienne formeront avec la France et la Belgique ce faisceau des nations latines que Charles-Quint et Napoléon Ier s'étaient proposé de constituer? Ce qui n'a pu être opéré par les armes, au mépris du droit, se fera spontanément en vertu des affinités mutuelles et de la multiplicité des intérêts. Dès à présent ces nations se tendent fraternellement la main ; le rail, *ce fer intelligent,* comme on l'a si bien nommé, hâte leur réunion ; les Alpes et les Pyrénées se percent à cette heure.

Or, cette agrégation, qui ne fera qu'un bloc de tout l'occident de notre continent, ne sera-t-elle pas le noyau même de la confédération européenne dont la prophétie court les rues sous forme de chanson ?

Ainsi finira le vieil antagonisme des Latins et des Germains, que nous nous sommes borné à indiquer dans l'exposé, que nous devons cependant expliquer, puisqu'il remonte à la chute de l'empire romain, se retrouve au fond de toute l'histoire de la chrétienté, et qu'il n'a pas cessé.

Jusqu'à nos jours, les Latins ont personnifié les doctrines de l'unité, de la monarchie universelle, de la centralisation absorbante, les vues générales en ce qu'elles ont de salutaire et de funeste ; les Germains ont personnifié les doctrines de la diversité, de l'indépendance, de l'isolement égoïste, les vues particulières en ce qu'elles ont de régulier et d'abusif. Ce fut la réforme qui, en attaquant l'ordre unitaire du moyen âge, décomposa la synthèse latine et fit prévaloir l'analyse germanique. Mais tout lien entre les peuples ne périt pas. Une nation de race latine, mixte par sa situation géographique et son génie, attachée à la fois aux vues générales et aux vues particulières, catholique et gallicane, la France, disons-nous, établit sous le nom d'équilibre une sorte de concordat religieux et politique ; et c'est encore la France qui, en achevant par sa révolution la dissolution du passé, a élevé les nations européennes à un même niveau de civilisation, et déterminé leur gravitation vers un ordre nouveau où elles pratiqueront l'association sans sacrifier leur indépendance.

Voilà ce qui se prépare. Après la réforme, un pacte de pondération et un armistice ; après la révolution française, la paix et une confédération, ou, comme la chanson le dit, une Sainte Alliance des peuples.

Eh bien, ce développement de la sociabilité humaine sera dû aux nations latines qui, grâce aux chemins de fer, sont à la veille de ne plus faire qu'un groupe, qui ont gardé la passion d'unir en perdant le fanatisme de l'unité. Là est aujourd'hui la supériorité morale qui, au seizième siècle, était le partage des nations germaniques revendiquant la liberté.

C'est par cette prédominance alternative des nations

de race diverse, des facultés dont elles sont les personnifications et des fonctions dont elles sont les agents, que l'humanité marche. Tour à tour, suivant les exigences de la tactique sublime du progrès, telle race est à l'avant-garde, telle race à l'arrière-garde; en ce moment ce sont les Latins qui se placent en tête, ces mêmes Latins qu'une philosophie purement rétrospective déclare atteints d'infériorité politique; la France est à ce poste.

Oui, c'est aux Latins qu'il appartient en ce moment d'avertir les Germains et les Slaves du progrès auquel tous doivent concourir. Ce n'est pas une vague prédiction que nous hasardons; nous montrons la suite nécessaire d'un fait patent. Parmi les Slaves, les Russes ont appris que l'ambition des czars devait renoncer à la domination universelle. Parmi les Germains, les Anglo-Saxons ne tarderont pas à comprendre que l'égoïsme d'une nation n'a pas davantage de droit à l'exploitation universelle; et l'Autriche, tour à tour la demi-complice de la prépotence britannique et de la prépotence russe, s'avisera qu'une confédération européenne est l'héritière légitime, par voie de transformation, de son saint-empire romain.

Désormais il y a une puissance supérieure aux envahissements russes renouvelés du temps des invasions barbares, au jeu de bascule de la diplomatie autrichienne pour perpétuer les traditions impériales du moyen âge, aux exigences dictatoriales du patriotisme britannique, datant de la réforme; c'est la confédération qui réconcilie toutes les branches de la famille européenne.

Cette association ne se fait-elle pas par le bon vouloir des peuples et par la vertu même des instruments de leurs relations? L'Europe aura bientôt son réseau de voies ferrées des monts Ourals à la sierra Nevada; elle s'alimentera d'une même circulation financière et respirera la même atmosphère morale.

III.

Et, une fois confédérée, l'Europe poursuivra efficacement avec sa régénération propre la régénération de l'ancien continent.

La prise de possession de l'Amérique a correspondu à la dissolution du vieil ordre européen; la propagation d'une influence civilisatrice sur l'Afrique et l'Asie correspondra à la reconstitution d'un ordre nouveau.

Les signes sont évidents. A l'est de l'Asie, la Chine s'entr'ouvre sous le double effort d'une révolution intérieure et de l'agression anglo-française. Au centre, l'Hindoustan, insurgé contre le régime de la conquête, n'en sera délivré que par ses maîtres eux-mêmes, qui calculeront mieux l'utilité de la justice, ce sera son seul succès. A l'ouest, l'empire ottoman respire à peine, il n'existerait plus sans le patronage de l'étranger.

Ainsi, d'une part, le monde de Bouddha et de Confucius, antérieur à l'ère chrétienne, a épuisé sa vitalité, touche à l'agonie; de l'autre, le monde de Mahomet, postérieur de six siècles à cette ère, est partout en pleine décadence; ses derniers défenseurs subissent, à Alger, à Constantinople, à Delhi, la protection ou la victoire de l'Europe; douze siècles ont prouvé que les fils du prophète sont impuissants à fonder un État durable, à constituer une société. Donc, toutes les populations de l'ancien continent ne sauraient plus revivre que par un contact immédiat avec les nations qui ont reçu du christianisme le privilége d'une vie progressive et la mission de la communiquer.

Le jour viendra où l'expansion sympathique de nos arts et de nos lumières gagnera au Christ tous les peuples que son nom n'a pas encore ralliés. La croix seule les purifiera ; l'Asie et l'Afrique ne renonceront à la polygamie et à l'esclavage qu'en se prosternant au pied de ce signe de rédemption qui a purifié l'Europe.

IV.

Il ne nous appartient pas de retenir l'attention sur ces perspectives éloquemment préconisées par des publicistes accrédités et familières à l'Europe ; il nous reste en finissant à défendre contre quelques invectives bien intentionnées l'industrie, qui est dorénavant la seule arme du prosélytisme de la civilisation.

Il est juste de censurer les désordres dont elle est l'occasion, mais il ne le serait pas moins de reconnaître le bien dont elle est la cause, d'autant mieux que les désordres sont passagers et que le bien est durable.

Disons plus ; avant tout il importe de mettre à son rang une puissance qui n'est pas encore classée, qui est pour tous, de près ou de loin, une source de prospérités et qui n'en demeure pas moins pour les uns une bonne fortune accidentelle, pour les autres un monstrueux scandale.

Chaque jour des écrivains sérieux la flétrissent comme une réhabilitation du matérialisme, ils ravalent notre époque à celle de la corruption antique, ils gémissent sur la dégradation et la ruine, sans se douter que leurs accents mélancoliques et indignés accompagnent à contre-sens une heureuse transformation. Chaque jour ces mêmes écrivains se croient obligés d'attaquer personnellement les chefs actuels du mouvement industriel et financier du monde civilisé, sans se douter qu'ils s'en prennent aux représentants les plus intelligents et les plus généreux de la puissance qui les sauve de l'horreur de nouvelles révolutions et de guerres nouvelles. Étrange aveuglement ! Ils veulent la paix et l'ordre, et ils ne veulent ni des hommes ni des choses sans lesquels l'ordre et la paix sont impossibles.

Non, le monde ne devient pas païen parce que l'industrie est triomphante; tout au contraire, il manifeste de plus en plus l'esprit régénérateur du christianisme.

N'est-ce pas par l'industrie que les lois qui régissent l'univers s'appliquent de jour en jour? Comment pourrait-elle obscurcir la lumière de l'intelligence dont ses procédés popularisent les découvertes? Comment érigerait-elle la matière en idole, lorsqu'elle n'emprunte ses moyens d'action qu'aux régions de la pensée, lorsque l'arsenal de ses puissants appareils ne se forme et ne s'augmente que par de perpétuelles initiations au sanctuaire de la science? L'homme arrive à comprendre que les forces mystérieuses de la nature concourent avec son génie à la satisfaction plus facile de ses besoins, à la gloire de ses aspirations généreuses; il n'est ni leur esclave, ni leur ennemi, il les traite en auxiliaires sans y chercher son Dieu, sans y enchaîner son âme, dont jamais il n'a prisé plus haut l'essence supérieure. Il pénètre plus avant dans la connaissance de l'ordre universel, il modifie souverainement tout ce qui est à la portée de sa main; *ce roi de la création* est plus sûr qu'autrefois de son droit à la couronne et au sceptre.

Et n'est-ce pas par l'industrie que les rêves de la

charité sortent du domaine de l'utopie? Le travail savamment dirigé, la fécondation bien entendue de toutes les ressources du globe accroissent la masse des produits, et par là s'améliore graduellement la condition physique, intellectuelle et morale de la classe pauvre. L'établissement de communications accélérées entre les diverses régions de notre planète rapproche les peuples en les enrichissant les uns par les autres. Pourquoi depuis trois siècles, à travers les crises de là liquidation de la société dont l'antiquité nous avait transmis l'héritage, voit-on la servitude, la guerre, l'ignorance et la misère reculer peu à peu devant la liberté, la paix, la dignité humaine? N'est-ce pas grâce à l'avénement du travail? Et quel fait éclatant ne se passe-t-il pas en ce moment même? La Russie, du même coup, se couvre de chemins de fer et fait tomber les dernières chaînes de ses serfs. L'émancipation du prolétariat, qui ne s'est effectuée naguère qu'au prix de concessions arrachées par d'effroyables *jacqueries,* s'opère paisiblement de nos jours par la toute-puissance de l'industrie.

En un mot, c'est par l'industrie que le monde chrétien met sa théorie en pratique et réalise son idéal. Si

la théorie a été un progrès, comment la pratique se-
rait-elle une décadence? L'idéal abstrait serait-il meilleur que l'idéal en voie d'accomplissement? En vérité,
la question n'est pas autre.

Enfin, n'est-il pas clair que c'est en s'industrialisant
chaque jour davantage que l'époque moderne achève
de vaincre l'époque antique? D'abord elle l'a sur-
passée par la prééminence de son enseignement moral,
de sa philosophie, de sa science universelle; il lui
fallait l'emporter par la manifestation de son empire
sur la matière; déjà, comme M. Michel Chevalier l'a
très-bien dit, *la matière est le trône de l'esprit,* et la
civilisation ne descend pas, elle monte d'un degré.
Voilà le PROGRÈS PAR LE CHRISTIANISME qui sanctionne
l'industrie aussi bien que la science. Après avoir re-
nouvelé le monde de la pensée, sa vertu inépuisable
renouvelle le monde de l'action. Et nous n'avons que
les prémices de ce renouvellement. Voilà seulement
que la société a le libre exercice de ses facultés pacifi-
ques, et les trois grandes races de la famille européenne, Germains, Latins et Slaves, viennent seulement de se rallier dans cette carrière. Nous supplions
que l'on considère la concordance de ce développe-

ment immense des forces vives de l'industrie avec le perfectionnement des sciences et la diffusion des principes moraux de l'Évangile. Les sages et les princes l'ont dit : *nous sommes aux portes d'un avenir mystérieux.*

Siérait-il donc aux nobles penseurs, qui ont la prédilection des hautes sphères, de persister dans ce rôle de contempteurs aveugles et impuissants d'un progrès irrésistible? L'humanité ne fait pas fausse route, elle est dans les voies mêmes de la Providence. C'est pourquoi nous oserons leur demander, non pas de se mêler au siècle en complaisants essoufflés, mais de rappeler le siècle, préoccupé de ses travaux de chaque jour, aux idées grandioses qu'il perd souvent de vue. Le privilége de ceux qui planent sur toutes choses et ont le don de se faire écouter, c'est d'élever le monde, et pour cela il ne faut pas lui jeter l'anathème en lui criant qu'il s'abaisse; ne vaut-il pas mieux lui montrer, comme un avertissement propice et encourageant, vers quel but il s'élève?

NOTE.

Nous croyons devoir indiquer quelques-uns des ouvrages contemporains ou publiés à la fin du siècle dernier que nous avons consultés.

Géographie et Voyages : Géographie physique et politique de l'Espagne et du Portugal, par don Isidore Antillon. — Résumé géographique de la Péninsule ibérique, par Bory de Saint-Vincent. — Nouveau voyage en Espagne ou tableau de l'état actuel de cette monarchie, 1789, par Bourgoing. — Itinéraire descriptif de l'Espagne, par Alexandre de Laborde. — L'Espagne en 1808, par Rehfues. — L'Espagne, souvenirs de 1823 et 1833, par M. Bourgoing. — Souvenirs du midi de l'Espagne telle qu'elle est, par

Faure. — Voyage à Madrid en 1826, par Adolphe Blanqui. — L'Espagne sous Ferdinand VII, par M. de Custine. — Une année en Espagne, par M. Ch. Didier. — Souvenirs d'Espagne, par M. Cornille. — Lettres sur l'Espagne, par M. Adolphe Gueroult. — Mes vacances en Espagne, par M. Edgard Quinet. — Études sur Séville, l'Andalousie et la baie de Cadix, par M. Antoine de la Tour.

Histoire : Considérations sur les causes de la grandeur et de la décadence de la monarchie espagnole, par Sempéré. — Histoire des Osmanlis et de la monarchie espagnole, par Léopold Ranke. — De l'Espagne, considérations sur son passé, son présent, son avenir, par le baron d'Eckstein. — Histoire de la guerre de la Péninsule, par le général Foy. — Mémoires du maréchal Suchet sur ses campagnes d'Espagne. — Les diverses publications de M. Mignet. — L'Espagne depuis le règne de Philippe II jusqu'à l'avénement des Bourbons, par M. Weiss. — L'Espagne moderne, par M. Charles de Mazade. — Histoire des Pyrénées et des rapports internationaux de la France avec l'Espagne, par M. Cenac-Moncaut. — Les Mémoires du maréchal Marmont.

La *Revue contemporaine* (août 1852), l'Espagne au dix-septième siècle, par M. F. de Bourgoing.

La *Revue des Deux-Mondes* (avril 1857). L'Espagne, ses finances et ses chemins de fer, par M. Bailleux de Marizy.

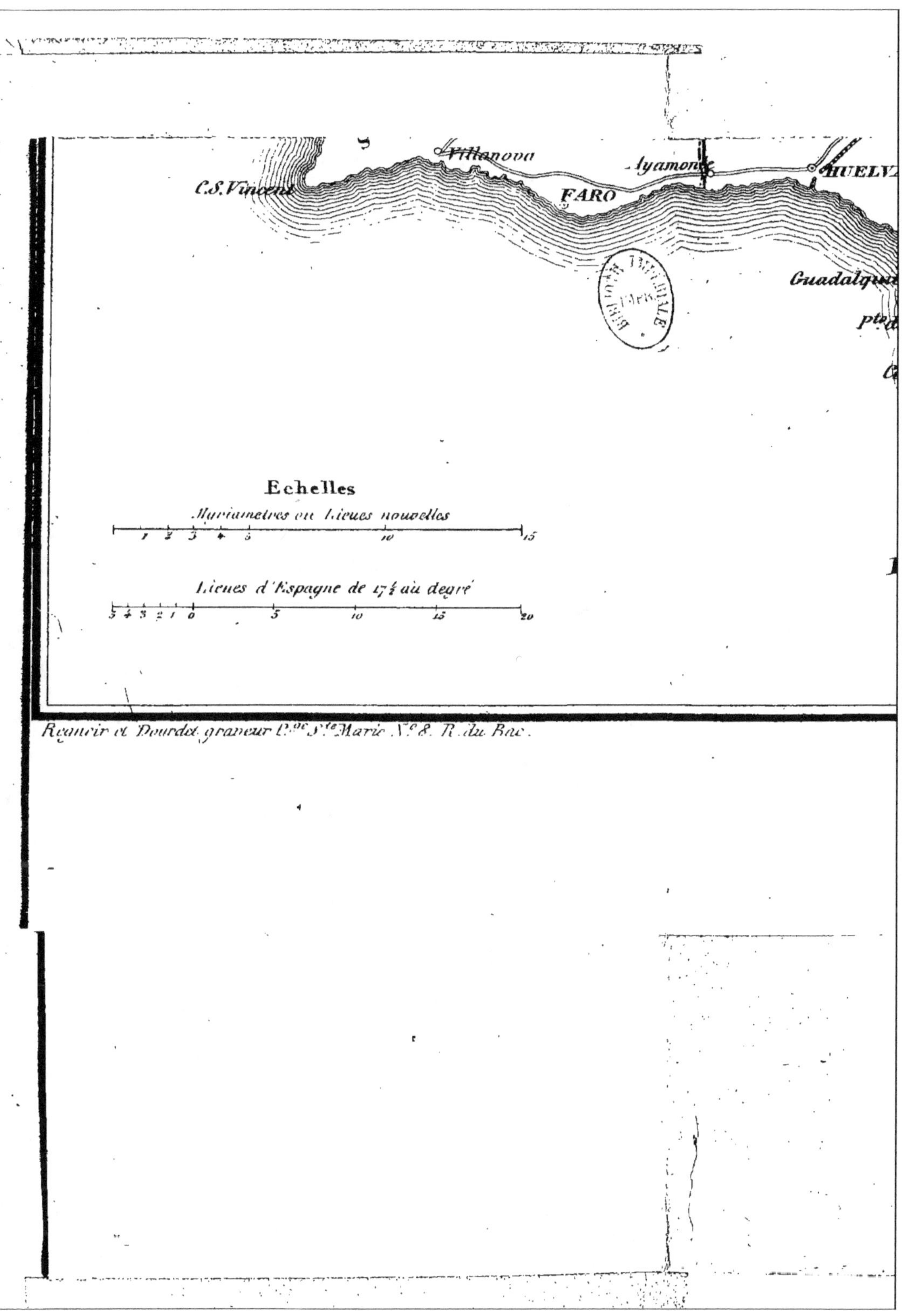

C.S.Vincent
Villanova
FARO
Ayamonte
HUELVA
Guadalquivir
pt d
Echelles
Myriametres ou Lieues nouvelles
1 2 3 4 5 10 15
Lieues d'Espagne de 17½ au degré
5 4 3 2 1 0 5 10 15 20
Regnier et Dourdet graveur Cour S.te Marie N.º 8. R. du Bac.